Мирон Полатайко

Исследование сферической детонации в газах

Мирон Полатайко

Исследование сферической детонации в газах

На примере взаимодействия водорода с кислородом

LAP LAMBERT Academic Publishing

Impressum / Выходные данные

Bibliografische Information der Deutschen Nationalbibliothek: Die Deutsche Nationalbibliothek verzeichnet diese Publikation in der Deutschen Nationalbibliografie; detaillierte bibliografische Daten sind im Internet über http://dnb.d-nb.de abrufbar.

Библиографическая информация, изданная Немецкой Национальной Библиотекой. Немецкая Национальная Библиотека включает данную публикацию в Немецкий Книжный Каталог; с подробными библиографическими данными можно ознакомиться в Интернете по адресу http://dnb.d-nb.de.

Coverbild / Изображение на обложке предоставлено: www.ingimage.com

Verlag / Издатель:
LAP LAMBERT Academic Publishing
ist ein Imprint der / является торговой маркой
OmniScriptum GmbH & Co. KG
Heinrich-Böcking-Str. 6-8, 66121 Saarbrücken, Deutschland / Германия
Email / электронная почта: info@lap-publishing.com

Herstellung: siehe letzte Seite /
Напечатано: см. последнюю страницу
ISBN: 978-3-659-66112-9

Оглавление

Введение

Теория детонации является одной из наиболее известных в газовой динамике. Она включает в себя исследование химических превращений под действием ударных волн и имеет чрезвычайный практический интерес в военном деле, горной промышленности, химической промышленности, энергетике. Все взрывные процессы и математические модели их представляющие базируются на этой теории. Современная теория детонации в газах разработана Я. Б. Зельдовичем, В. Дёрингом, В. П. Коробейниковым, У. Фикеттом и другими выдающимися учёными. Однако, несмотря на большие достижения в этой области, теория ещё далека от завершения. Перед исследователями стоят многие нерешенные проблемы. Некоторые из них связаны со сложностью физико-химических процессов, которые описываются нелинейными дифференциальными уравнениями в частных производных, другие, - с протеканием химических реакций в тонком газовом слое и т. д., что сильно осложняет проведение математических расчётов. Поскольку распространяющаяся ударная волна вызывает химические превращения, а они, в свою очередь, в следствие выделения энергии, поддерживают её скорость, - определение скорости волны есть важнейшей задачей детонации.

Автор столкнулся с явлением сверхзвукового горения совершенно случайно, изучая цепные реакции горения водорода и образования оксидных плёнок на поверхности кремниевых пластин в сферическом реакторе. В процессе работы появилась необходимость вычисления параметров газовой среды на фронте ударной волны, что невозможно сделать без определения скорости распространения самой волны. В научной литературе большинство уравнений и систем уравнений записаны и решаются только для плоских волн.

В условиях сферического реактора оказалось большой сложностью найти простое аналитическое решение для скорости детонационной волны. Было решено изучить проблему используя теорию точечного взрыва, где действуют законы классической динамики совместно с законами сохранения массы и энергии. Неожиданное положительное решение этого вопроса дало свои результаты и стало открытием для самого автора. Автор надеется, что его усилия в этом направлении не пропадут даром, а будут поддержаны другими исследователями и станут новым импульсом в изучении сферической детонации. Изданные статьи могут вызвать практический интерес у многих специалистов, работающих в области детонации, в первую очередь, - студентов, а также учёных, инженеров, как физиков теоретиков, так и физиков экспериментаторов.

Определение скорости детонационной волны во взрывной газовой смеси

М.М. Полатайко

работа выполнена индивидуально

(ул. Грушевского 180, с. Назавизов, Надворнянский р-н, Ивано-Франковская обл. 78425, Украина; e-mail: pmm.miron@mail.ru)

УДК 534.222.2

В научной литературе общеизвестной является формула для скорости плоской детонационной волны. Она выведена из системы уравнений Гюгонио, однако для сферического реактора пользоваться ею затруднительно. Целью работы стало показать возможность реализации положений теории взрыва в реагирующих газовых средах для вывода подобной формулы, используя специальную модель перехода взрывной волны в детонацию. Как и в первом, так и во втором случае – действуют законы сохранения импульса, массы и энергии, поэтому результаты должны были получиться одинаковыми, или почти одинаковыми, что и подтвердили расчеты. В итоге получена формула очень простая в употреблении и более подходящая для изучения предельных процессов объемной детонации.

Ключевые слова: система уравнений Гюгонио, сферическая детонация, режим Чепмена-Жуге, формула Эйринга, газовая смесь, теория взрыва, ударная волна.

Введение

Сильный взрыв малого объема в детонирующей газовой смеси хорошо изучен в современной физике [1,2]. Скорость детонационной волны в сферическом реакторе может быть рассчитана совершенно точно с помощью целого ряда оригинальных программ [3]. Есть и аппроксимационные формулы:

$$\frac{D}{D_n} = 1 - \frac{A}{r - R_x} , \qquad (1.1)$$

где r - текущее значение радиуса, R_x - критический радиус, A - постоянная, D_n - скорость плоской волны, D - скорость сферической волны. Для больших

3

зарядов, на радиусе больше критического, используется зависимость Эйринга

$$\frac{D}{D_n} = 1 - \frac{A}{r} . \tag{1.2}$$

Автор предлагает взглянуть на развитие процесса (рис. 1) в тот момент, когда энергия точечного взрыва равна энергии сгоревшего газа $r = R_x$ но, $R_x \neq \infty$,

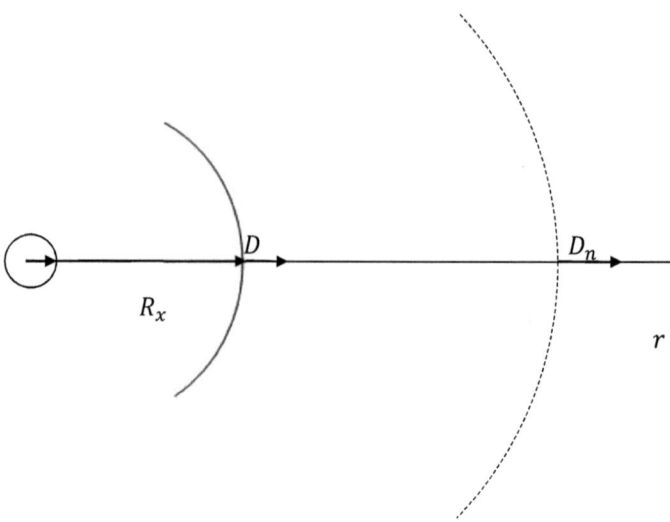

Рис. 1. Картина перехода сферической детонационной волны в плоскою, на радиусе $r \gg R_x$. когда $r \to \infty$.

то есть, изучить начальный этап детонации в реагирующих газовых средах, определяя скалярное значение скорости сферической детонационной волны. Изучение сферического сверхзвукового горения лучше всего начать с классической теории.

Классические представления о детонации. Вывод формулы для скорости плоской детонационной волны

Ударная волна распространяется с области большего давления в область меньшего (теорема Цемплена). В газовой динамике обычно рассматриваются волны, обладающие резким передним фронтом. Зона ударного перехода представляет собой поверхность разрыва – фронт ударной волны.

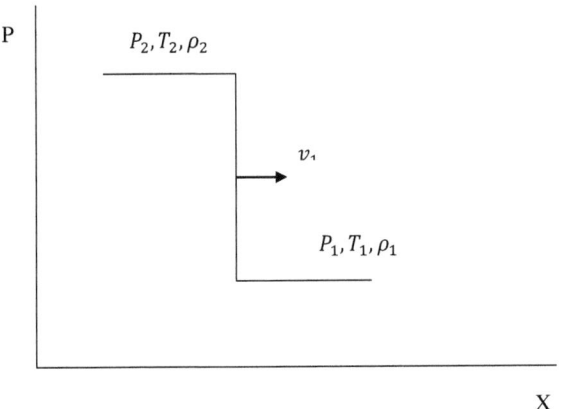

Рис. 2. Схематическое изображение ударного перехода, где P_1, T_1, ρ_1 - параметры среды (давление, температура, плотность) перед фронтом ударной волны; P_2, T_2, ρ_2 - те же параметры, но на фронте ударного перехода.

При переходе через фронт все величины – плотность, давление, температура,- меняются скачком. Связь между параметрами P_1, T_1, ρ_1 и P_2, T_2, ρ_2 вытекает из соотношений Гюгонио (законы сохранения) и уравнения идеального газа. Для невязкого газа в системе координат, связанной с ударной волной [4], их можно записать так:

$$\rho_1 v_1 = \rho_2 v_2 , \qquad v_1 = D ; \tag{1.3}$$

$$P_1 + \rho_1 v_1^2 = P_2 + \rho_2 v_2^2 ; \tag{1.4}$$

$$h_1 + \frac{1}{2} v_1^2 = h_2 + \frac{1}{2} v_2^2 , \qquad h = e + \frac{P}{\rho} ; \tag{1.5}$$

Здесь h – энтальпия, отнесённая к единице объёма, v_1 – скорость ударной волны, v_2 - скорость газа за фронтом. Невозмущённое состояние обозначают индексом { $_1$}, возмущённое – индексом { $_2$ }.
Уравнение (1.3) выражает закон сохранения массы вещества, проходящего через фронт ударной волны, уравнение (1.4) – закон сохранения импульса, а (1.5) - закон сохранения энергии. К написанным соотношениям необходимо добавить условие возрастания энтропии при переходе через фронт ударной волны:

$$S_2 > S_1 \tag{1.6}$$

Соотношения Гюгонио – Ренкина, или просто Гюгонио, дают возможность установить связь между двумя разными состояниями среды. Известно, что:

$$\frac{\rho_2}{\rho_1} = \frac{(\gamma+1)M^2}{2+(\gamma-1)M^2} ; \tag{1.7}$$

$$\frac{P_2}{P_1} = \frac{2\gamma M^2 - \gamma + 1}{\gamma+1} ; \tag{1.8}$$

$$\frac{T_2}{T_1} = \frac{\left(2\gamma M^2 - \gamma + 1\right)\left(2+(\gamma-1)M^2\right)}{(\gamma+1)^2 M^2} ; \tag{1.9}$$

$$M = \frac{D}{b};$$ (1.10)

M — число Маха, где D — скорость ударной волны, b — скорость звука в газовой смеси; $\gamma = C_p/C_V$ — показатель адиабаты, для двухатомного идеального газа $\gamma = 1{,}4$. Скорость звука вычисляется по формуле

$$b = \sqrt{\gamma \cdot \frac{P}{\rho}}\,,$$ (1.11)

где P – давление среды, ρ – плотность.

Таким образом, чтобы знать состояние газовой среды на фронте ударной волны, нужно определить один важный параметр – скорость волны.

Следует отметить, что по определению, скорость ударной волны всегда больше скорости звука. Скорость звука – скорость распространения механических колебаний сжатия и разрежения в газовой среде, то есть, это не что иное, как передача взаимодействия между молекулами в результате их теплового движения. Отсюда следует простая модель. Действие ударной волны не может передаваться молекулам перед фронтом и сжимать среду перед фронтом.

Ударную волну (грубо) можно рассматривать как «газовый поршень», скорость которого превосходит тепловую скорость молекул среды. Это значит, что при взаимодействии «газового поршня» со средой, молекулы как бы налипают на него, но не отскакивают. Сжатие происходит в узкой области на самом фронте.

Распространяясь в газовой среде, ударная волна затухает, её амплитуда падает и волна теряет свою силу, в конце концов, она переходит в простую волну сжатия. Однако, в реагирующих средах возможен иной процесс, так званый процесс детонации. Детонация взрывчатых веществ представляется как совокупное действие двух механизмов - ударной волны и химической реакции, при котором ударное сжатие инициирует реакцию, а энергия реакции поддерживает скорость волны. Таким образом устанавливается стационарный режим сверхзвукового горения ($D = const$), названый режимом Чепмена-Жуге.

Надо сказать, что параметры в зоне химической реакции связаны с теми же параметрами исходного взрывчатого вещества с помощью известных нам законов сохранения массы, импульса и энергии:

$$\rho_1 v_1 = \rho_2 v_2 , \qquad v_1 = D ; \tag{1.12}$$

$$P_1 + \rho_1 v_1^2 = P_2 + \rho_2 v_2^2 ; \tag{1.13}$$

$$h_1 + \frac{1}{2} v_1^2 + Q^* = h_2 + \frac{1}{2} v_2^2 , \qquad h = e + \frac{P}{\rho} ; \tag{1.14}$$

Первые два уравнения совпадают с условиями, изложенными для ударных волн. Отдельного рассмотрения требует условие (1.14), где в закон сохранения энергии входит величина Q^* - количество тепла, выделяемое массой среды в результате химической реакции. Величина Q^* определяется как отношение потока энергии, выделяемой массой вещества, к потоку массы данного вещества [5].

В классической теории отмечают существование трёх видов детонации:

1) пересжатая (характерна для сильных ударных волн);

2) недосжатая;

3) нормальная, или детонация Чепмена-Жуге.

Теория доказывает, что в случае нормальной детонации, на границе раздела зоны реакции с продуктами детонации (точка 2 рис. 3) справедливо равенство

$$|v_2| = b_2 , \tag{1.15}$$

где b_2 – скорость звука на границе раздела.

Формула записана в системе отсчёта, связанной с ударной волной, то есть, фронт реакции движется с местной скоростью звука относительно продуктов реакции. Недосжатая детонация со временем затухает. Пересжатая, рано или поздно, переходит в нормальную, поэтому, говоря о сверхзвуковом горении, чаще всего имеют в виду режим Чепмена-Жуге.

Точка 1- начало химической реакции, точка 2- окончание реакции, отрезок d (рис. 3) представляет зону химических превращений.

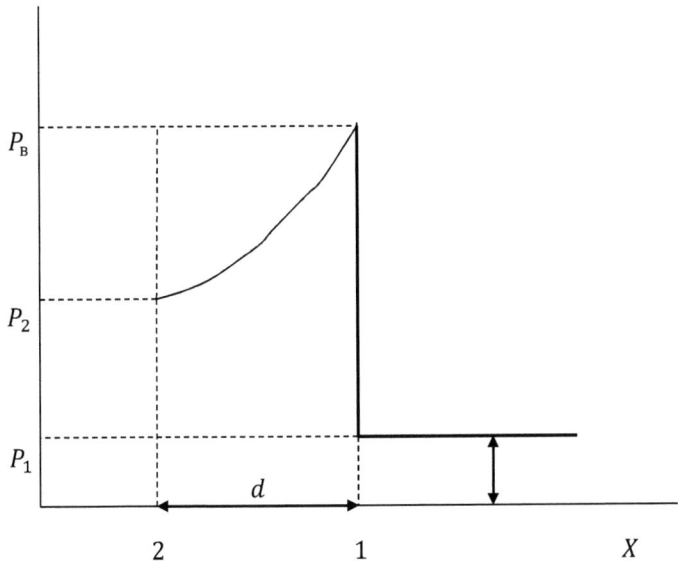

Рис. 3.   Изменение давления во время ударного перехода, сопровождающегося химической реакцией: P_1 — давление перед фронтом волны; $P_в$ — давление на фронте; P_2 — в зоне химической реакции на границе раздела с продуктами детонации .

Основной задачей теории детонации является определение скорости детонационной волны. Из уравнения (1.13) имеем:

$$P_1 + \rho_1 v_1^2 = P_2 + \rho_2 v_2^2 = P_2 + \rho_2\left(\gamma\frac{P_2}{\rho_2}\right) = P_2(1+\gamma)\,, \qquad (1.16)$$

где

$$|v_2| = b_2 = \sqrt{\gamma\frac{P_2}{\rho_2}}\,. \qquad (1.17)$$

Будем считать, что в исходном газе и в продуктах детонации показатель адиабаты γ один и тот же. Продолжим вывод формулы для скорости детонационной волны по Сысоеву Н.Н. и Шугаеву Ф.В. [4]

$$P_1 + \rho_1 v_1^2 = P_2\left(1+\gamma\right),\tag{1.18}$$

откуда

$$P_2 = \frac{P_1 + \rho_1 v_1^2}{1+\gamma}\;.\tag{1.19}$$

В случае, когда $\frac{P_2}{P_1} \gg 1,$ получаем

$$P_2 = \frac{\rho_1 v_1^2}{\gamma+1} = \frac{\rho_1 D^2}{\gamma+1}\;.\tag{1.20}$$

Из первого уравнения (1.12) системы уравнений (1.12-1.14) следует

$$\frac{\rho_2}{\rho_1} = \frac{v_1}{v_2} = \frac{v_1}{\sqrt{\gamma \cdot P_2/\rho_2}} \Rightarrow \left(\frac{\rho_2}{\rho_1}\right)^2 = \frac{v_1^2}{\left(\gamma/\rho_2\right)\cdot\left(P_1+\rho_1 v_1^2\right)/\left(\gamma+1\right)} =$$

$$= \frac{v_1^2\left(\gamma+1\right)\rho_2}{\gamma\left(P_1+\rho_1 v_1^2\right)},\tag{1.21}$$

или

$$\frac{\rho_2}{\rho_1} = \frac{v_1^{\,2}\left(\gamma+1\right)}{b_1^{\,2}+\gamma v_1^{\,2}}\ . \tag{1.22}$$

При условии $\frac{v_1}{b_1} \gg 1$, эта формула упрощается:

$$\frac{\rho_2}{\rho_1} = \frac{\gamma+1}{\gamma} \tag{1.23}$$

Рассмотрим уравнение (1.14), в котором $h = \frac{P}{\rho}\left(\frac{\gamma}{\gamma-1}\right)$ - энтальпия

идеального газа. Для совершенного газа, $\gamma = \frac{c_p}{c_V} = const,$

$P = \frac{\rho K^* T}{\mu}$, где K^* - универсальная газовая постоянная. Учитывая формулы (1.19) и (1.22), приходим к следующему результату:

$$v_1^4 - 2\left\{b_1^2 + Q^*\left(\gamma-1\right)\right\}v_1^2 + b_1^4 = 0\ , \tag{1.24}$$

откуда

$$v_1^2 = b_1^2 + Q^*\left(\gamma^2-1\right)\pm\sqrt{2b_1^2 Q^*\left(\gamma-1\right)+Q^{*\,2}\left(\gamma^2-1\right)^2} \tag{1.25}$$

Детонации соответствует знак «плюс» перед радикалом. При $Q^*/b_1^2 \gg 1$, имеем:

$$v_1 = D = \sqrt{2\left(\gamma^2-1\right)Q^*}\ . \tag{1.26}$$

В итоге, после несколько утомительного вывода, мы получили хорошо известную в литературе формулу. Правда, в условиях сферического реактора практическое применение данной формулы затруднительно. В ниже изложенном материале, автор предлагает вывод похожей формулы, но для скорости сферической детонационной волны, рассматривая проблему с другой стороны.

Взрыв в химически инертной смеси газов

Рассмотрим взрыв в химически инертной смеси газов. Пусть в совершенном газе плотностью ρ_0 мгновенно происходит точечный взрыв. От точки энерго-выделения по газу распространяется ударная волна. Рассмотрим стадию процесса распространения ударной волны, когда её амплитуда ещё настолько высока, что можно пренебречь начальным давлением газа P_0. Это допущение равносильно пренебрежению начальной внутренней энергией газа по сравнению с энергией взрыва, то есть, мы имеем дело с сильным взрывом. Задача заключается в определении скорости взрывной волны, когда фронт модели-руется жестким поршнем, сминающим газовый объем, находящийся впереди (рис. 4). Основные закономерности процесса общеизвестны [6], существует про-стой приближённый метод их установления.

Предположим, что вся масса газа, охваченного взрывной волной, собрана в тонкий слой у поверхности фронта, плотность в котором постоянна и равна плотности на фронте

$$\rho_1 = \frac{\gamma + 1}{\gamma - 1} \cdot \rho_0, \tag{1.27}$$

(эту формулу можно получить из формулы для сильных ударных волн [4], когда M - число Маха, намного больше единицы). Чтобы избежать недоразумений, отметим, что в данном случае отображается переход среды с индексом ($_0$) в среду с индексом ($_1$), где ($_0$) - покоящаяся среда перед началом взрыва. Толщина слоя Δr определяется из условия сохранения массы:

$$4\pi R^2 \cdot \Delta r \cdot \rho_1 = \frac{4}{3}\pi R^3 \rho_0, \tag{1.28}$$

откуда

$$\Delta r = \frac{R}{3} \cdot \frac{\rho_0}{\rho_1} = \frac{R}{3}\left(\frac{\gamma - 1}{\gamma + 1}\right) \ . \tag{1.29}$$

Поскольку слой очень тонкий, скорость в нём почти не меняется и совпадает со скоростью газа на фронте

$$u_1 = \frac{2D}{\gamma + 1}, \tag{1.30}$$

если быть точным, в теории ударных волн рассматривается формула, связывающая скорость течения газа u_1 за фронтом ударной волны со скоростью фронта D:

$$u_1 = \frac{2D}{(\gamma - 1)\left[1 - (b_0 / D)^2\right]} \ , \tag{1.31}$$

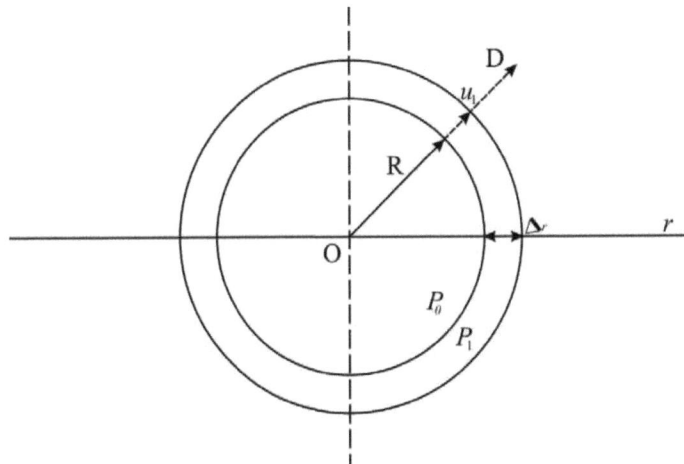

Рис. 4. Схематическое изображение ударной волны от точечного взрыва.

13

где b_0 - скорость звука в невозмущенном газе. Масса в слое конечна и равна массе m, первоначально находящейся в сфере радиуса R:

$$m = \frac{4}{3}\pi R^3 \rho_0 \,.$$

(1.32)

Обозначим давление на внутренней стороне слоя P_c, пусть оно составляет долю α от давления на фронте волны. Запишем второй закон Ньютона:

$$\frac{d}{dt}(mu_1) = 4\pi R^2 P_c = 4\pi R^2 \alpha P_1 \,.$$

(1.33)

Уравнение применяется для слоя толщиной Δr. Оно может быть спользовано только в указанных пределах, когда

$$0 < R \leq R_x^{\,0} \,,$$

(1.34)

где R_x^0 – определяется из энергетических соображений. В этой точке кинетическая энергия взрывной волны ещё достаточно велика и её скорость значительно превосходит скорость звука в невозмущенной газовой среде.

Здесь мы подходим к детальному математическому представлению формул и уравнений, используя уже известные соотношения (1.28) и (1.33), которые являют собой законы сохранения массы и импульса. Однако, для решения задачи этого мало, необходимо записать ещё одно уравнение

$$E = E_T + E_k = const\,,$$

(1.35)

выражающее закон сохранения энергии. Энергия взрыва постоянная величина и равна сумме двух слагаемых, - потенциальной энергии E_T и кинетической E_k . В общем, система состоит из трёх уравнений:

$$4\pi R^2 \Delta r \rho_1 = \frac{4}{3}\pi R^3 \rho_0 \,;$$

(1.36)

$$\frac{d}{dt}(mu_1) = 4\pi R^2 \alpha P_1, \qquad 0 < R \le R_x^0 ; \qquad (1.37)$$

$$E_T + E_k = const ; \qquad (1.38)$$

к которым добавляется условие сильного взрыва

$$M \gg 1, \qquad (1.39)$$

когда $\quad u_1 = \dfrac{2D}{\gamma+1} \quad$ и

$$P_1 = \frac{2}{\gamma+1}\rho_0 D^2 \qquad (1.40)$$

(вспомним формулу $\quad \dfrac{P_1}{P_0} = \dfrac{2\gamma M^2 - \gamma + 1}{\gamma+1}$ [4]; при $M \gg 1$

получим $\quad \dfrac{P_1}{P_0} = \dfrac{2\gamma M^2}{\gamma+1} = \left. 2\gamma \cdot \dfrac{D^2}{b_0^{\,2}} \right/ (\gamma+1) = \left. 2\gamma \cdot \dfrac{D^2 \rho_0}{\gamma P_0} \right/ (\gamma+1) = \dfrac{2\rho_0 D^2}{P_0(\gamma+1)}, \quad$ откуда

$P_1 = \dfrac{2\rho_0 D^2}{\gamma+1}$), где P_1- давление на фронте ударной волны.

Следует отметить, что в поданной системе уравнений (1.36-1.38), соотношение (1.36) не определяет связь между областями, разделёнными фронтом ударной волны (области ($_0$) и ($_1$)), а связывает разделённые временным промежутком состояния до взрыва и после него. Решая эту задачу для одномерного центрально симметрического течения, возвращаемся к уравнению (1.33). Масса у нас сама зависит от времени, так что по времени дифференцируется не скорость, а количество движения (mu_1). На неё изнутри действует сила $(4\pi R^2 P_c)$, так как P_c прилагается к единице поверхности. Сила, действующая извне, равна нолю, поскольку начальным давлением газа пренебрегаем. Выражая в уравнении (1.33), u_1 и P_1 через скорость фронта

$D = \dfrac{dR}{dt}$, по уже известным формулам (1.30) и (1.40), получим новое соотношение

$$\frac{1}{3} \cdot \frac{d}{dt} R^3 D = \alpha D^2 R^2 .$$

(1.41)

Замечая, что

$$\frac{d}{dt} = \frac{d}{dR} \cdot \frac{dR}{dt} = D \cdot \frac{d}{dR}$$

(1.42)

и интегрируя уравнение , найдем

$$D = a \cdot R^{-3(1-\alpha)} ,$$

(1.43)

где a - постоянная интегрирования. Для определения величин a и α воспользуемся законом сохранения энергии. Кинетическая энергия газа равна:

$$E_k = \frac{m u_1^2}{2} .$$

(1.44)

Внутренняя энергия сосредоточена в «полости», ограниченной нашим бесконечно тонким слоем. Давление в полости равно давлению P_c.

Фактически, это означает, что не строго вся масса заключена в слое, в «полости» также имеется небольшое количество вещества. Внутренняя энергия равна:

$$E_T = \frac{1}{\gamma - 1} \cdot \frac{4 \pi R^3}{3} \cdot P_c ,$$

(1.45)

(в газовой динамике удельная внутренняя энергия совершенного газа вычисляется, как $e = \dfrac{P}{\rho} \cdot \left(\dfrac{1}{\gamma - 1} \right)$, где P – давление, ρ – плотность, γ – показатель адиабаты), таким образом,

$$E = E_T + E_k = \frac{1}{\gamma - 1} \cdot \frac{4\pi R^3}{3} \cdot P_c + \frac{m u_1^2}{2} . \tag{1.46}$$

Снова выразив P_c и u_1 через D и подставляя $D = a \cdot R^{-3(1-\alpha)}$, получим

$$E = \frac{4}{3} \pi \rho_0 a^2 \left[\frac{2\alpha}{\gamma^2 - 1} + \frac{2}{(\gamma + 1)^2} \right] \cdot R^{3 - 6(1-\alpha)} . \tag{1.47}$$

Поскольку энергия взрыва E есть константа, показатель степени у переменной величины R должен обратиться в ноль, это значит, что

$$\alpha = \frac{1}{2} . \tag{1.48}$$

Полученное уравнение определяет постоянную a,

$$a = \left[\frac{3}{4\pi} \cdot \frac{(\gamma - 1)(\gamma + 1)^2}{3\gamma - 1} \right]^{\frac{1}{2}} \left(\frac{E}{\rho_0} \right)^{\frac{1}{2}} . \tag{1.49}$$

Подставляя имеющееся значения a и α в формулу (1.43), находим выражение для скорости ударной волны при точечном взрыве

$$D = \left[\frac{3}{4\pi} \cdot \frac{(\gamma - 1)(\gamma + 1)^2}{3\gamma - 1} \right]^{\frac{1}{2}} \cdot \left(\frac{E}{\rho_0} \right)^{\frac{1}{2}} \cdot R^{-\frac{3}{2}} , \tag{1.50}$$

или

$$D = \xi_0 \cdot \left(\frac{E}{\rho_0} \right)^{\frac{1}{2}} \cdot R^{-\frac{3}{2}} , \qquad (1.51)$$

где

$$\xi_0 = \left[\frac{3}{4\pi} \cdot \frac{(\gamma - 1)(\gamma + 1)^2}{3\gamma - 1} \right]^{\frac{1}{2}} = const . \qquad (1.52)$$

Взрыв в горючей смеси газов согласно интерпретации автора

Отличительные черты задачи в том, что в данной среде возможны экзотермические химические реакции, поэтому вполне логично предположить непрерывность перехода взрывной волны в волну детонации. Рассмотрим некоторую модель (рис. 5). Вследствие взрыва по газу начнёт распространяться сильная ударная волна, которая нагреет его до состояния, при котором возможны реакции горения. Обозначим энергию взрыва как E_0 .

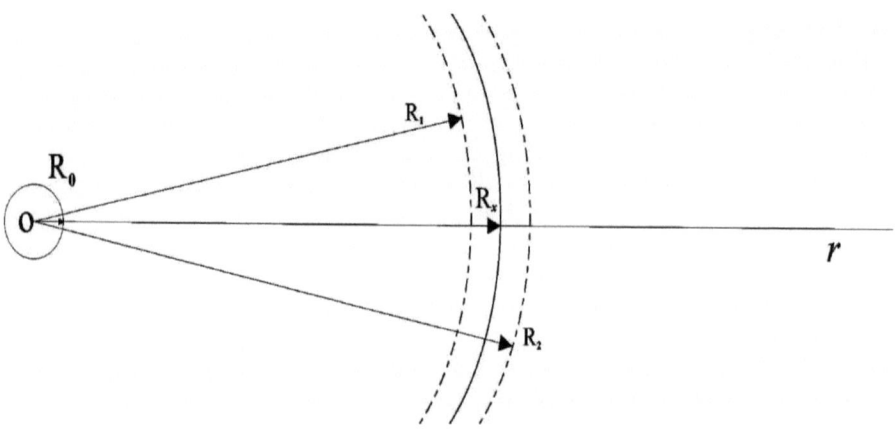

Рис. 5. Картина непрерывного перехода взрывной волны в волну детонации: R_0 — радиус заряда; R_x — граница возможного перехода сильной детонации в режим Чепмена-Жуге.

Энергия, выделившаяся при сгорании газа, обозначается через U:

$$U = \frac{4}{3}\pi R_1^3 \rho_0 Q`, \quad R_0 << R_1 \tag{1.53}$$

$Q`$ - количество тепла , выделяемое единичной массой среды (процесс рассматривается в момент времени t_1, когда $R = R_1$).

Предполагая, что $E_0 > U$, находим условие слабого влияния энергии детонации на течение [7]

$$R_1 < R_x, \quad \text{где} \quad R_x^3 = \frac{3E_0}{4\pi Q`\rho_0} \tag{1.54}$$

Если заряд имеет конечный радиус R_0, значит, применяя обычную теорию точечного взрыва к описанию движения, следует пользоваться оценкой

$$R_0 < R < R_x \tag{1.55}$$

Надо отметить, что условия (1.54) и (1.55) сильно ограничивают сферу применимости законов точечного взрыва в инертном газе к течениям детонирующей среды. Однако, если энергия E_0 велика и выделяется в малом объёме, то в области $R_1 < R_x$ течение будет происходить, в основном, как при обычном точечном взрыве. С другой стороны, для момента времени t_2, когда

$$R = R_2 \quad \text{и} \quad E_0 < U, \tag{1.56}$$

главную роль станут играть процессы горения, течение газа будет иметь основные черты детонационного горения [7].

Из всего сказанного сделаем некоторые интересные выводы:

1. В горючей смеси газов теория точечного взрыва применима в пределах
$R_0 < R < R_x$, если для данной смеси справедлива изложенная выше модель перехода взрывной волны в волну детонации. Возможен и другой случай, когда

детонация неосуществима в данных физико-химических условиях газовой среды и взрывная волна просто затухает.

2. Когда $R \to R_x$, $E \neq const$, энергия системы заметно изменяется, в целом, почти удваивается, что надо учитывать, изучая движение газа на данном этапе.

3. Очевидно, если $R \to R_x$, $E \sim R^3$ (энергия пропорциональна радиусу сферы, воспроизведённому в куб).

Здесь мы наталкиваемся на мысль, что модель точечного взрыва для горючей смеси газов, когда $R \to R_x$, необходимо видоизменить, или расширить, используя её в наших условиях. Посмотрим ещё раз формулу, выражающую закон сохранения энергии

$$E = \frac{4}{3}\pi\rho_0 a^2 \left[\frac{2\alpha}{\gamma^2 - 1} + \frac{2}{(\gamma+1)^2} \right] \cdot R^{3 - 6(1-\alpha)} \qquad (1.57)$$

В теории точечного взрыва, для обычной смеси не способной детонировать, принято, что $E = const$, поэтому $\alpha = \frac{1}{2}$.

Предположим, $\alpha = 1$, тогда $E \sim R^3$, что необходимо для нашего случая, чтобы решить уже другую систему уравнений.

Как видим, закон сохранения энергии вполне допускает такой результат:

$$\alpha = 1; \qquad (1.58)$$

$$E = \frac{4}{3}\pi\rho_0 a^2 \left[\frac{2}{\gamma^2 - 1} + \frac{2}{(\gamma+1)^2} \right] R^3 \qquad (1.59)$$

$$a = \left[\frac{3}{16\pi} \cdot \frac{(\gamma-1)(\gamma+1)^2}{\gamma} \right]^{\frac{1}{2}} \left(\frac{E}{\rho_0} \right)^{\frac{1}{2}} R^{-3/2} \qquad (1.60)$$

Подставляем новые значения a и α в формулу $D = a \cdot R^{-3(1-\alpha)}$, откуда

$$D = a = \left[\frac{3(\gamma-1)(\gamma+1)^2}{16\pi\gamma}\right]^{\frac{1}{2}} \left(\frac{E}{\rho_0}\right)^{\frac{1}{2}} R^{-\frac{3}{2}} \qquad (1.61)$$

Согласно правилам интегрирования, a – постоянная величина. Таким образом, автор предлагает новую формулу для скорости взрывной волны в реагирующей газовой среде:

$$D = \left[\frac{3(\gamma-1)(\gamma+1)^2}{16\pi\gamma}\right]^{\frac{1}{2}} \left(\frac{E}{\rho_0}\right)^{\frac{1}{2}} R^{-\frac{3}{2}} = const \quad . \qquad (1.62)$$

Это вполне возможно, если учесть, что энергия системы изменяется.

Результаты и их обсуждение

Попробуем определить скорость ударной волны в критической зоне, когда $R \to R_x$ (рис. 5). Для примера рассмотрим гремучую смесь:

$$2H_2 + O_2 = 2H_2O + Q \ , \qquad Q = 286{,}5 \ \textit{кДж / моль}$$

где Q – тепловой эффект от сгорания одного моля водорода.

В гремучей смеси происходит инициация реакции (первоначальный взрыв). Предположим, энергия системы

$$E = V \cdot n_{H_2} \cdot q + E_0 \ , \qquad (1.63)$$

где V – объём некоторой сферы; n_{H_2} – концентрация молекул водорода в ней; q – тепловой эффект от одной молекулы водорода; E_0 – изначальная энергия заряда радиуса R_0 (напомним $R_0 \ll R_x$, но $R \to R_x$, R – текущий радиус сферы). Объём сферы и концентрация водорода в ней исчисляются по известным формулам:

$$V = \frac{4}{3}\pi R^3 \ , \qquad n_{H_2} = \frac{P_0}{K * T_0} \cdot N_A \cdot c \ , \quad \text{где} \quad \frac{P_0}{K * T_0} = \frac{\rho_0}{\mu} \ ;$$

$P_0; T_0; \rho_0$ – начальные данные о давлении, температуре и плотности газовой смеси; K^* - универсальная газовая постоянная; N_A - число Авогадро; c - коэффициент, показывающий удельный состав водорода, который сгорает (предполагается, что в процессе реакции выгорает весь водород); μ - молярная масса смеси.

Таким образом, энергия системы подаётся в виде

$$E = \frac{4}{3}\pi R^3 \cdot \frac{P_0}{K^* T_0} N_A c \ q + E_0 \ . \tag{1.64}$$

Подставляя (1.64) в (1.62), получим:

$$D = \left[\frac{3(\gamma-1)(\gamma+1)^2}{16\pi\gamma} \right]^{\frac{1}{2}} \cdot \left(\frac{\frac{4}{3}\pi R^3 \left(\frac{P_0 N_A c}{K^* T_0} \right) q + E_0}{\frac{P_0 \mu}{K^* T_0}} \right)^{\frac{1}{2}} \cdot R^{-\frac{3}{2}} =$$

$$= \xi_0^{\grave{}} \left(\frac{\frac{4}{3}\pi R^3 N_A q c}{\mu} + \frac{E_0}{\rho_0} \right)^{\frac{1}{2}} R^{-\frac{3}{2}} \ , \tag{1.65}$$

где

$$\xi_0^{\grave{}} = \left[\frac{3(\gamma-1)(\gamma+1)^2}{16\ \pi\gamma} \right]^{\frac{1}{2}} \ . \tag{1.66}$$

Продолжим наши преобразования,

$$
D = \left[\frac{(\gamma+1)^2 (\gamma-1) R^{-3}}{4\gamma} \cdot \frac{R^3 N_A qc}{\mu} + (\xi_0{}^{`})^2 \cdot \frac{E_0 R^{-3}}{\rho_0} \right]^{\frac{1}{2}} =
$$

$$
= \left[\frac{(\gamma+1)^2 (\gamma-1)}{4\gamma} \cdot \frac{N_A qc}{\mu} + (\xi_0{}^{`})^2 \cdot \frac{E_0}{\rho_0 R^3} \right]^{\frac{1}{2}} . \qquad (1.67)
$$

В момент времени, когда $R \to R_x$, где $R_x \gg R_0$,

$$
(\xi_0{}^{`})^2 \cdot \frac{E_0}{\rho_0 R^3} \to 0 \qquad (1.68)
$$

(второе слагаемое стремится к нолю), откуда получаем:

$$
D = \left[\frac{(\gamma+1)^2 (\gamma-1)}{4\gamma} \cdot \frac{Qc}{\mu} \right]^{\frac{1}{2}} , \qquad (1.69)
$$

с учетом $Q = N_A \cdot q$ (Q – тепловая энергия моля водорода).

Это и есть предлагаемая автором формула скорости детонационной волны.

При переходе через границу R_x, энергия заряда E_0 теряет своё влияние, дальше энергия системы пополняется только за счёт первого слагаемого, которое показывает реальную скорость волны. Если формула (1.69) отвечает действительности, то исследуемая нами величина не зависит от давления смеси. В начальный момент мы видим постоянную скорость, она определяется следующими параметрами:

Q – энергией сгорания моля горючего газа;

c - удельным коэффициентом сгоревшего газа;

μ – молярной массой смеси;

γ – показателем адиабаты для данной смеси газов.

Для плоской волны [4,8] широко известна формула (1.26)

$$D = \sqrt{2\left(\gamma^2 - 1\right)Q^*} \; ,$$

где Q^* - отношение энергии, выделяемой массой вещества, к потоку массы данного вещества. В итоге, сравнивая формулы (1.69) и (1.26) приходим к выводу, что они сильно похожи, хотя, на мой взгляд, формула (1.69) более удобна для практического применения. Кроме того она точно отображает суть происходящего, если рассматривать непрерывный процесс перехода сферической детонации в плоскую, ведь точечный взрыв всегда начинается со сферической волны. Результаты предлагаются для двух различных газовых смесей в виде сравнительной таблицы.

Таблица 1. Данные скорости волны

Газовая смесь	D_s, м/с	D_n, м/с	$\epsilon, \%$
$66,6\% H_2 + 33,3\% O_2$	2550	2830	9,9
$25\% C_2 H_2 + 75\% O_2$	2089	2330	10,3

В таблице введены следующие обозначения:

D_s – скорость сферической волны (начало детонации, когда $R = R_x$);

D_n – скорость плоской волны (конечный этап детонации, когда $R \to \infty$);

ε – разность между поданными значениями скорости, выраженная в процентах;

(D_s – вычисляется то новой формуле, D_n – литературные данные [5]).

В данной работе рассматривается идеальный случай перехода взрывной сферической волны в режим Чепмена-Жуге и тем самым формула (1.69) доказывает возможность существования нормальной сферической детонации в начале процесса, еще задолго до того, как радиус кривизны переходит в бесконечность. Более того, она показывает возможность существования нормальной сферической детонации для меньшей скорости ударной волны по сравнению с классической детонацией. Математическое выражение (1.26) "работает" на конечном этапе, когда радиус становится бесконечностью (плоская волна). Надо отметить, что в газовой динамике часто используется не скорость ударной волны, а её отношение к скорости звука b_0 в невозмущённой газовой среде $M = D/b_0$, M – число Маха. Учтём формулу скорости звука,

$$b_0 = \sqrt{\gamma \cdot \frac{P_0}{\rho_0}} = \sqrt{\gamma \cdot \frac{K^* T_0}{\mu}} \qquad (1.70)$$

и используя выражение (1.69), получим

$$M = \left[\frac{(\gamma+1)^2 (\gamma-1)}{4\gamma^2} \frac{Q \cdot c}{K^* T_0} \right]^{\frac{1}{2}}. \qquad (1.71)$$

Формула (1.71) даёт зависимость числа Маха от: γ – коэффициента адиабаты; Q – теплоты сгорания; c – удельного коэффициента сгоревшего газа; T_0 – начальной температуры среды. Изменяя эти величины, можно регулировать интенсивность ударного перехода.

Выводы

Если известна скорость ударной волны, или число Маха, мы находим решение одной из основных задач газовой динамики, то есть, находим параметры ($P_1; T_1; \rho_1$) на фронте, имея данные ($P_0; T_0; \rho_0$) невозмущённой среды. В дальнейшем, эти параметры необходимы для изучения кинетики химической реакции во время ударного перехода. В заключение следует сказать, что формула

$$D = \left[\frac{(\gamma+1)^2 (\gamma-1)}{4\gamma} \cdot \frac{Q \cdot c}{\mu} \right]^{\frac{1}{2}},$$

дает скорость детонационной волны на начальном этапе, если такова рождается при сгорании некоторой "порции" (c) горючего газа, когда $R \to R_x$ (смотрите рис. 5 и модель перехода взрывной волны в волну детонации). Она действует для объёмной сферической волны, в отличие от известной в литературе формулы

$D = \sqrt{2(\gamma^2 - 1)Q^*}$, которая предназначена для плоских волн.

Ответить на вопрос, будет ли происходить детонация в действительности, или нет, можно после изучения кинетики химической реакции во время перехода через границу R_x. В том, что стехиометрическая смесь водорода с кислородом порождает детонационную волну, нет никаких сомнений, а вот появляется ли данная волна в 12% - ой смеси водорода, - сказать трудно. Поэтому, нужно рассматривать сам механизм реакции.

1. С.Г. Андреев, А.В. Бабкин, Ф.А. Баум, Физика взрыва , (Физматлит, Москва, 2004).
2. Л.П. Орленко, Физика взрыва и удара: Учебное пособие, (Физматлит, Москва, 2006)
3. Ч. Мейдер, Численное моделирование детонации, (Мир, Москва, 1985)
4. Н.Н. Сысоев, Ф.В. Шугаев, Ударные волны в газах и конденсированных средах, (МГУ, Москва, 1987).
5. Г.Г. Черный , Газовая динамика, (Наука, Москва, 1988).
6. Я.Б. Зельдович, Ю.П. Райзер, Физика ударных волн и высокотемпературных гидродинамических явлений, (Физматгиз, Москва, 1963).
7. В.П. Коробейников, Задачи теории точечного взрыва, (Наука, Москва, 1985).
8. W. Fickett, Introduction to Detonation Theory, (University of California, Berkeley, 1985)

Determination of detonation wave velocity in an explosive gas mixture

M.M. Polatayko
(180, Grushevskyi Str., Nazavyziv 78425, Nadvirnyanskyi District, Ivano-Frankivsk Region, Ukraine; e-mail: pmm.miron@mail.ru)

Summary
The well-known formula for the flat detonation wave velocity derived from the Hugoniot system of equations faces difficulties, if being applied to a spherical reactor. A similar formula has been obtained in the framework of the theory of explosion in reacting gas media with the use of a special model describing the transition of an explosive wave in the detonation. The derived formula is very simple, being also more suitable for studying the limiting processes of volume detonation.

Условия возникновения сферической детонации в водородно-кислородной смеси

М.М. Полатайко
работа выполнена индивидуально
(ул. Грушевского 180, с. Назавизов, Надворнянский р-н, Ивано-Франковская обл. 78425, Украина; e-mail: pmm.miron@mail.ru)

УДК 534.222.2

Целью работы являлось определение начальных условий детонации, необходимых для быстрых химических превращений на фронте взрывной сферической волны. Получено простое соотношение, позволяющее определять критическую температуру для различных давлений водородно- кислородной смеси. Используя уже известные формулы ударного перехода, стало возможным связать критическую температуру с начальными условиями покоящейся среды и тем самым ответить на вопрос состоится или не состоится детонация при заданных значениях давления, температуры, процентного соотношения водорода в смеси.

Ключевые слова: газовая динамика, сильный точечный взрыв, детонация, система уравнений Гюгонио, формула Семенова, режим Чепмена - Жуге, водородно-кислородная смесь, схема Габера, схема Льюиса, кинетика химической реакции.

Введение

Возникновению детонации в водородно-кислородной смеси посвящено много исследований [1-3]. В то же время, в научной литературе отсутствуют работы, позволяющие учесть влияние начальных условий на процесс детонации при прохождении ударной волны в газовой среде. В предыдущей статье [4] автором предложена модель перехода взрывной сферической волны в волну детонации во время сильного точечного взрыва. Переход в режим Чепмена - Жуге происходит на некотором расстоянии R_x от центра, когда энергия системы почти удваивается. Модель предполагает равенство давлений на фронте и в области взрыва, что влечет за собой появление в точке перехода высокой температуры за ударным фронтом, поскольку основная масса вещества сосредоточена в тонком слое взрывной волны. Предложена также простая формула для определения скорости детонационной волны во взрывной газовой смеси. Она позволяет вычислить скорость сферической волны D при сгорании некоторого количества (c) горючего газа

$$D = \left[\frac{(\gamma+1)^2 (\gamma-1)}{4\gamma} \cdot \frac{Qc}{\mu} \right]^{\frac{1}{2}}, \qquad (2.1)$$

Q — энергия сгорания моля горючего газа, c — удельный коэффициент сгоревшего газа, μ — молярная масса смеси, γ — показатель адиабаты для данной смеси газов. Но данная модель не дает ответа на вопрос, будет ли осуществлена детонация в действительности. Например, невозможно сказать произойдет ли детонация, если изменить стехиометрический состав водородно-кислородной смеси и если произойдет, то при каких температурных условиях. Рассматриваемая нами статья, должна решить эту задачу. Оказывается, что соотношение (2.1) в сочетании с некоторыми формулами, в частности, с формулой Н.Н. Семенова [5] о вероятности разветвления цепной реакции взаимодействия водорода с кислородом, позволяет определить критерий перехода взрывной волны в детонацию.

Некоторые вопросы кинетики химической реакции

Процесс распространения ударной волны - очень быстрый процесс. Так, например, при скорости ударной волны $D = 2500$ м/с и толщине газового слоя $r = 0,005$ м время действия ударного сжатия вещества $t = 2 \cdot 10^{-6}\ c$.
Это означает, что за такой короткий интервал должна прореагировать большая часть сжатого вещества, только тогда можно говорить о сверхзвуковом горении как о самоподдерживающимся процессе [6]. Исходя из этой точки зрения, рассмотрим некоторые вопросы кинетики химической реакции взаимодействия H_2 и O_2.
Прежде всего, надо отметить, что речь идет о цепных реакциях. Схема Габера [5] и развитие цепной реакции с циклом Габера (2.2) - (2.3) имеет следующий вид:

$$OH + H_2 = H_2O + H, \qquad (2.2)$$

$$H + O_2 + H_2 = H_2O + OH, \qquad (2.3)$$

$$H + O_2 = OH + O, \tag{2.4}$$

$$O + H_2 = OH + H, \tag{2.5}$$

$$OH + OH = H_2O_2 \rightarrow \quad \text{обрыв цепи}, \tag{2.6}$$

$$H + H = H_2 \rightarrow \quad \text{обрыв цепи}, \tag{2.7}$$

$$H + \text{стенка} \longrightarrow \quad \text{обрыв цепи}, \tag{2.8}$$

$$OH + \text{стенка} \longrightarrow \quad \text{обрыв цепи}, \tag{2.9}$$

Реакции (2.2) и (2.3) - продолжение цепей, реакции (2.4) и (2.5) - разветвление цепей, реакции (2.6), (2.7), (2.8), (2.9) - обрыв цепей. Предполагается, что реакция (2.2) связана с заметной энергией активации, так что далеко не каждое столкновение OH и H_2 ведет к реакции. Напротив, реакция (2.3) идет при каждом тройном столкновении [5]. Цикл (2.2) - (2.3) является повторяющимся звеном цепочки, в среднем, может пройти пять или десять циклов по Габеру, прежде чем произойдет реакция (2.4) и появится разветвление в цепи. Рассмотрим реакции (2.3) и (2.4), которые конкурируют между собой. Если скорость реакции (2.4) обозначить через W_4, а реакции (2.3) – через W_3, то вероятность разветвления δ, определится как отношение скоростей:

$$\delta = \frac{W_4}{W_3}. \tag{2.10}$$

В книге Н. Н. Семенова «Цепные реакции» [5], даётся выражение для δ:

$$\delta = \frac{2{,}5 \cdot 10^5 \, e^{-E_4 / K^* T_2}}{[H_2]}, \tag{2.11}$$

где $[H_2]$ − парциальное давление водорода в мм рт. ст. (числовой коэффициент $2{,}5 \cdot 10^5$ умножен на 1 мм рт. ст., поэтому давление в знаменателе подается в мм рт. ст.); E_4 − энергия активации реакции (2.4); K^* − газовая постоянная; T_2 − температура среды, °K.

По данным Н. Н. Семенова [5, 7] $E_4 = 16$ ккал/моль. Согласно формуле (2.11), δ сильно зависит от температуры и с ее повышением процесс может существенно ускоряться. Более того, оказывается, что цикл (2.2) - (2.3) с разветвлением (2.4) - не самый быстрый механизм. Возможен случай, когда

$$W_4 = W_3 \,, \tag{2.12}$$

или

$$\delta = 1 \,. \tag{2.13}$$

С физической точки зрения это значит, что вероятность достигает максимуму и разветвление идет на каждом звене цепочки. Таким образом, схема взаимодействия меняется, вместо реакции (2.3) появляется (2.4), осуществляется переход к схеме Льюиса. В этом случае имеем:

$$OH + H_2 = H_2O + H\,, \tag{2.14}$$

$$H + O_2 = OH + O \,, \tag{2.15}$$

и т. д., то есть, температура T_x, при которой $\delta = 1$, есть критической, или точкой фазового перехода, когда происходят качественные изменения в кинетике взаимодействия водорода с кислородом.

Распишем данную схему полностью по Льюису [5]:

$$OH + H_2 = H_2O + H\,, \tag{2.14}$$

$$H + O_2 = OH + O\,, \tag{2.15}$$

$$OH + H_2 = H_2O + H, \tag{2.16}$$

$$O + H_2 = OH + H, \tag{2.17}$$

$$H + \text{стенка} \longrightarrow \quad \text{обрыв цепи}, \tag{2.18}$$

$$O + \text{стенка} \longrightarrow \quad \text{обрыв цепи}, \tag{2.19}$$

$$OH + \text{стенка} \longrightarrow \quad \text{обрыв цепи}. \tag{2.20}$$

В суммарном виде реакция цикла записывается так:

$$OH + 3H_2 + O_2 = OH + 2H + 2H_2O, \tag{2.21}$$

именно с ней ассоциируются самые начальные быстрые цепные превращения, приводящие к детонации.

Теория цепных реакций даёт возможность оценить количество прореагировавшего вещества, сжатого ударной волной. Н.Н. Семенов [5] предлагает выражение для скорости нестационарного процесса:

$$\omega = \frac{n}{\Delta\tau} = \frac{n_0}{\delta - \beta} \cdot \left(e^{\frac{(\delta - \beta)t}{\Delta\tau}} - 1 \right), \tag{2.22}$$

n — концентрация прореагировавших активных частиц;

$\Delta\tau$ - время элементарного акта реакции (в данном случае среднее время $\Delta\tau = \Delta\tau_{\text{ср}}$);

n_0 - количество начальных радикалов (будем считать, что речь идёт о количестве начальных радикалов на фронте ударной волны);

δ - вероятность разветвления цепи на одном звене;

β - вероятность обрыва;

t - время прохождения реакции (для нашего случая $0 < t \leq t_{max}$, где t_{max} — время сжатия). Из формулы (2.22) видно, что скорость со временем постепенно возрастает до бесконечности,

$$\omega = Ae^{\varphi t}, \quad \text{где} \quad A = \frac{n_0}{\delta - \beta} \quad \text{и} \quad \varphi = \frac{\delta - \beta}{\Delta \tau}. \tag{2.23}$$

Количество прореагировавшего вещества χ к моменту времени t, выражается формулой [5]

$$\chi = \int\limits_0^t \omega dt = \frac{n_0}{\delta - \beta} \left[\frac{\Delta \tau}{\delta - \beta} \left(e^{\dfrac{(\delta - \beta)t}{\Delta \tau}} - 1 \right) - t \right], \tag{2.24}$$

которая , при не слишком малых t, преобразуется к виду:

$$\chi = \frac{n_0 \cdot \Delta \tau}{(\delta - \beta)^2} e^{\dfrac{(\delta - \beta)t}{\Delta \tau}}. \tag{2.25}$$

Рассмотрим данное выражение более детально. Оно используется для расчетов на первых этапах реакции, когда скорость неудержимо растёт.

С другой стороны, известно, что рост скорости наблюдается до тех пор, пока не сгорает 50% вещества. В дальнейшем, в ходе реакции, скорость уменьшается, поскольку вещество выгорает и концентрация его падает. Вероятность обрыва цепей, - растёт, величины δ и β уже не являются постоянными для данного случая.

Все величины, входящее в формулу (2.25) известны, кроме n_0.

Сконцентрируем своё внимание именно здесь. Как определить количество начальных радикалов (n_0)?

Есть основание предполагать, что цепи зарождаются в объёме [5]

$$H_2 + O_2 = 2OH.$$
(2.26)

Учитывая, что реакция бимолекулярная с энергией активации E, Н.Н. Семенов предлагает отдельную формулу:

$$n_0 = 2 \cdot \sqrt{2} \cdot \pi \sigma^2 u n_{H_2} n_{O_2} \cdot e^{-E/K^* T_2} = 2z \cdot [H_2][O_2] e^{-E/K^* T_2},$$
(2.27)

где

$$z = \sqrt{2} \cdot \pi \sigma^2 u n_1^2 = 6{,}4 \cdot 10^{22},$$
(2.28)

здесь n_0 - число появляющихся за единицу времени в единице объёма радикалов (OH); n_{H_2}, n_{O_2} - число молекул, соответственно H_2 и O_2, в единице объёма; u - скорость молекул; σ - эффективное сечение взаимодействия; π - постоянная ($\pi = 3{,}14$); K^* - газовая постоянная; n_1 - число молекул в единице объёма при давлении 1 мм. рт. ст.; $[H_2], [O_2]$ - парциальные давления H_2 и O_2 в мм. рт. ст.; T_2 - температура среды (температура на фронте ударной волны).

В конечном результате:

$$n_0 = 13 \cdot 10^{22} [H_2][O_2] e^{-E/K^* T_2},$$
(2.29)

учитывая энергию активации $E = 61$ ккал/моль $= 61 \cdot 10^3 \cdot 4{,}19$ Дж/моль.

Таким образом, все необходимые данные можно определить [5,7]. Проведём приблизительную оценку прореагировавшего вещества для двух разных случаев:

1. Пусть при температуре $T_0 = 293\ K$ и $P_0 = 60$ мм рт. ст. имеется газовая смесь: $H_2 - 30\%$; $O_2 - 70\%$. Инициируя реакцию взрывом, на фронте ударной волны получили $T_2 = 864\ K$ и $P_0 = 716$ мм рт. ст. . Согласно формулы (2.11) $\delta = 0{,}102$; что соответствует развитию реакции по схеме Габера.

2. Во втором случае несколько изменили состав: $H_2 - 28\%$; $O_2 - 72\%$, после чего подняли начальную температуру до $T_1 = 622\ K$, поэтому температура $T_2 = 1122\ K$, а вероятность разветвления $\delta = 1$, то есть, реакция пойдёт по схеме Льюиса.

Результаты расчётов представлены в таблице 1.

Таблица 1. Параметры определяющие механизм реакции и количество прореагировавшего вещества на фронте ударной волны

	n_0, $[\dfrac{1}{см^3 \cdot с}]$	δ	β	$\delta - \beta$	$\Delta\tau$, [с]	t_{max}, [с]	χ, $[\dfrac{1}{см^3}]$
Схема Габера, $T_2 = 864K$	$4{,}75 \cdot 10^{12}$	$0{,}102$	$0{,}071$	$0{,}031$	$1{,}84 \cdot 10^{-7}$	$3{,}47 \cdot 10^{-6}$	$1{,}5 \cdot 10^{9}$
Схема Льюиса, $T_2 = 1122K$	$13{,}9 \cdot 10^{15}$	1	$0{,}055$	$0{,}945$	$1{,}5 \cdot 10^{-7}$	$5{,}1 \cdot 10^{-6}$	$2{,}14 \cdot 10^{23}$

В первом случае, во время ударного перехода прореагировало $\chi = 1{,}5 \cdot 10^{9}$ молекул. Если учесть, что в реакции взаимодействия H_2 и O_2 выгорает водород и в каждом элементарном акте (цикл Габера) принимает участие молекула водорода, можно утверждать, что за время t_{max} прореагировало χ молекул водорода. Концентрация молекул водорода на фронте ударной волны составляла:

$$n_{H_2} = 2{,}4 \cdot 10^{18} \ [1/cm^3] \ ,$$

из них прореагировала ничтожная часть,

$$\varepsilon_\% = \frac{\chi}{n_{H_2}} \cdot 100\% = \frac{1{,}5 \cdot 10^9}{2{,}4 \cdot 10^{18}} \cdot 100 = 6{,}25 \cdot 10^{-8} \ \% \ .$$

Значит, в данном случае, о детонации говорить не приходится и можно сказать, что задача решена. Во втором случае, концентрация молекул на фронте

$$n = 5{,}68 \cdot 10^{18} \ [1/cm^3],$$

и все они должны были участвовать в реакции, которая произошла с «запасом» на пять порядков, если сравнить величины

$$n = 5{,}68 \cdot 10^{18} \left(\frac{1}{cm^3} \right) \quad \text{и} \quad \chi = 2{,}14 \cdot 10^{23} \left(\frac{1}{cm^3} \right).$$

Попробуем ужесточить правила вычисления и вспомним о ещё одном факторе влияющим на процесс. Мы не учли, что на образование начальных радикалов n_0 необходимо время, поэтому, на самом деле $0 < t < t_{max}$, где t —время реакции; t_{max} – время сжатия ударной волной. Предположим $t = 0{,}7 t_{max}$, тогда схема Льюиса даёт следующий результат: $\chi = 1{,}4 \cdot 10^{19} \left(\frac{1}{cm^3} \right)$, что ближе к действительности.

В данных условиях, схема Льюиса превосходит схему Габера, то есть, она действительно может служить механизмом детонации. Следует отметить, что с повышением температуры на фронте ударной волны, все известные ранее параметры изменились в лучшую сторону. С увеличением температуры от 864 K до 1122 K, концентрация радикалов (n_0) возросла в 3000 раз! Величина $(\delta - \beta)$ изменилась более чем в 30 раз, что и дало возможность осуществиться цепному взрыву (воспламенению) за столь короткое время.

Состояние среды на фронте ударной волны. Критическая температура

Пусть в газовой среде происходит точечный взрыв. В данном случае речь идет о реагирующих газовых средах, поэтому затухание взрывной волны может осуществляться медленнее обычного, или вообще отсутствовать, поскольку в действие вступает сильный механизм цепных реакций взаимодействия водорода с кислородом. Все зависит от физико-химических свойств газовой смеси, а также начальной энергии взрыва. В этих условиях наиболее интересна модель перехода сильной (пересжатой) детонации в режим Чепмена - Жуге.

Ударная волна распространяется с большой скоростью, иногда, её скорость во много раз превышает скорость звука, поэтому в газовой динамике обычно рассматриваются волны, обладающие резким передним фронтом. Зона ударного перехода представляет собой поверхность разрыва - фронт ударной волны. Обозначим невозмущённое состояние индексом ($_1$), возмущённое – индексом ($_2$). При переходе через фронт плотность ρ_1, давление P_1, температура T_1 - меняются скачком. Связь между параметрами (P_1, T_1, ρ_1) и (P_2, T_2, ρ_2) хорошо известна [8]. Запишем эти соотношения:

$$\frac{\rho_2}{\rho_1} = \frac{(\gamma+1)M^2}{2+(\gamma-1)M^2} \ , \tag{2.30}$$

$$\frac{P_2}{P_1} = \frac{2\gamma M^2 - \gamma + 1}{\gamma + 1} \ , \tag{2.31}$$

$$\frac{T_2}{T_1} = \frac{\left(2\gamma M^2 - \gamma + 1\right)\left(2 + (\gamma-1)M^2\right)}{(\gamma+1)^2 M^2} \ , \tag{2.32}$$

где M — число Маха, $M = \frac{D}{b_1}$ — показывает отношение скорости ударной волны к скорости звука [9] в покоящейся среде. Из предыдущей работы автора [4] известно, что

$$M = \left[\frac{(\gamma+1)^2(\gamma-1)}{4\gamma^2} \frac{Q \cdot c}{K^* T_1} \right]^{\frac{1}{2}} . \tag{2.33}$$

Формула (2.33) даёт зависимость числа Маха от: γ – коэффициента адиабаты; Q – теплоты сгорания; c – удельного коэффициента сгоревшего газа; T_1 – температуры невозмущенной среды. Интенсивность ударного перехода можно регулировать, изменяя эти величины.

А теперь, мысленно осуществим простой эксперимент. Запустим в сферический реактор водород- кислородную смесь с начальными параметрами (P_0, T_0), $T_0 = 293°K$. Нагреем её до температуры T_1 ($T_1 < T_1^*$, где T_1^*- температура воспламенения покоящейся среды) и произведем инициирование реакции взрывом. В нашем случае наблюдается непрерывный переход взрывной волны в детонацию водородно- кислородной смеси. На фронте волны получаем среду с параметрами (P_2, T_2). Пусть

$$T_2 = T_x \, , \tag{2.34}$$

то есть, достигается критическая температура T_x и срабатывает механизм цепной реакции по схеме Льюиса. Для определения критической температуры T_x воспользуемся формулой (2.11),

$$\delta = \frac{2,5 \cdot 10^5 \cdot e^{-\frac{E_4}{K^* T_2}}}{[H_2]} = \frac{2,5 \cdot 10^5 \cdot e^{-\frac{E_4}{K^* T_x}}}{[H_2]} = 1 \, , \tag{2.35}$$

с учётом $\delta = 1$. Таким образом, относительно критической температуры T_x получим следующее трансцендентное уравнение:

$$\frac{2,5 \cdot 10^5 \cdot e^{-\frac{E_4}{K^* T_x}}}{[H_2]} = 1 \, , \tag{2.36}$$

где $[H_2]$ - парциальное давление водорода на фронте ударной волны (мм рт. ст.) [10];

$$[H_2] = c \cdot P_2 \, , \tag{2.37}$$

P_2- общее давление смеси на фронте ударной волны (мм рт. ст.), c - коэффициент, показывающий удельное содержание водорода. Учитывая (2.37), получаем:

$$\frac{2,5 \cdot 10^{5} e^{-\frac{E_4}{K^* T_x}}}{[c \cdot P_2]} = 1 .$$

(2.38)

Подадим P_2 в знаменателе (2.38) через известные величины. Пусть до начала реакции (инициация взрыва) газовая смесь находится под давлением P_0 и температуре T_0, $T_0 = 293°K$; если ее нагревать, давление повышается до P_1

$$P_1 = P_0 \cdot \frac{T_1}{T_0} ,$$

(2.39)

где T_1 - температура нагрева. Из (2.31) следует

$$P_2 = \frac{2\gamma M^2 - \gamma + 1}{\gamma + 1} P_1 ,$$

(2.40)

или учитывая (2.39),

$$P_2 = \frac{(2\gamma M^2 - \gamma + 1) P_0 T_1}{(\gamma + 1) T_0} .$$

(2.41)

Присутствующую в формуле (2.41) температуру T_1 выразим через T_x и число Маха M:

$$\frac{T_x}{T_1} = \frac{\left(2\gamma M^2 - \gamma + 1\right)\left(2 + (\gamma - 1) M^2\right)}{(\gamma + 1)^2 M^2} ,$$

(2.42)

отсюда получаем

$$T_1 = \frac{(\gamma+1)^2 M^2 T_x}{\left(2\gamma M^2 - \gamma + 1\right)\left(2 + (\gamma-1)M^2\right)} , \qquad (2.43)$$

или с учётом (2.43) ,

$$P_2 = \frac{(\gamma+1)M^2 T_x P_0}{T_0 \left(2 + (\gamma-1)M^2\right)} . \qquad (2.44)$$

В знаменателе выражения (2.38) есть еще коэффициент (c), с помощью которого определяется процентное содержание водорода. Если считать, что весь водород в газовой смеси выгорает, то его можно подать через число Маха (2.33) и температуру T_1 газовой среды:

$$c = \frac{4\gamma^2 M^2 K^* T_1}{(\gamma-1)(\gamma+1)^2 Q} , \qquad (2.45)$$

или согласно с (2.43),

$$c = \frac{4\gamma^2 M^4 K^* T_x}{(\gamma-1)\left(2\gamma M^2 - \gamma + 1\right)\left(2 + (\gamma-1)M^2\right)Q} , \qquad (2.46)$$

в данном случае накладывается ограничение на состав смеси $0 < c \le 0{,}66$. С (2.37), используя (2.46) и (2.44), получим парциальное давление водорода на фронте ударной волны:

$$[H_2] = \frac{4\gamma^2(\gamma+1)M^6 K^* P_0}{(\gamma-1)\left(2\gamma M^2 - \gamma + 1\right)\left(2 + (\gamma-1)M^2\right)^2 Q T_0} T_x^2 . \qquad (2.47)$$

В дальнейшем, формула (2.36) примет следующий вид:

$$\frac{2{,}5 \cdot 10^{5}\, e^{-\frac{E_4}{K^* T_x}}}{[H_2]} = 1 \Rightarrow T_x^2 =$$

$$= \frac{2{,}5 \cdot 10^{5}\, Q T_0 (\gamma - 1)\left(2\gamma M^2 - \gamma + 1\right)\left(2 + (\gamma - 1)M^2\right)^2}{4\gamma^2 (\gamma + 1) M^6 K^* P_0} \times$$

$$\times \exp\left(-\frac{E_4}{K^* T_x}\right).$$

Таким образом получена зависимость

$$T_x^2 = \frac{2{,}5 \cdot 10^{5}\, Q T_0 (\gamma - 1)\left(2\gamma M^2 - \gamma + 1\right)\left(2 + (\gamma - 1)M^2\right)^2}{4\gamma^2 (\gamma + 1) M^6 K^* P_0} \times$$

$$\times \exp\left(-\frac{E_4}{K^* T_x}\right), \tag{2.48}$$

связывающая значение начального давления среды и числа Маха со значением критической температуры на фронте ударной волны.

Результаты и их обсуждение

Для водородно-кислородной смеси, после подстановки соответствующих числовых значений физических параметров задачи, уравнения (2.48) примет следующий вид:

$$T_X{}^2 = \frac{5{,}38{\cdot}10^{10}{\cdot}\left(2+0{,}4M^2\right)^2\left(2{,}8M^2-0{,}4\right)}{P_0 M^6} \times e^{-8067/T_X} \ , \qquad (2.49)$$

учитывая то, что $\gamma = 1{,}4$; $Q = 286{,}5$ кДж / моль; $K^* = 8{,}31$ Дж / (моль·град); $E_4 = 16 \cdot 10^3 \cdot 4{,}19$ Дж / моль и $T_0 = 293$ K. С (2.49) вычислим значение критической температуры для двух произвольных чисел Маха, то есть, двух типов ударных волн, зафиксировав начальное давление P_0:

1. $M = 2{,}15; P_0 = 60$ мм рт. ст.

2. $M = 4{,}78; P_0 = 60$ мм рт. ст.

Из практических соображений выберем некоторый интервал и будем считать $M = 2{,}15$ − минимальным для него, а значение $M = 4{,}78$ принимается самым большим для числа Маха, что следует из выражения (2.33) при следующих значениях параметров: $c = 0{,}66; T_1 = T_0 = 293$ K; $\gamma = 1{,}4$. В первом случае ($M = 2{,}15; P_0 = 60$ мм рт. ст.) имеем уравнение:

$$T_X{}^2 = 1{,}69{\cdot}10^9 e^{-8067/T_X} \ . \qquad (2.50)$$

Для второго случая ($M = 4{,}78; P_0 = 60$ мм рт. ст.), получаем:

$$T_X{}^2 = 5{,}93{\cdot}10^8 e^{-8067/T_X} \ . \qquad (2.51)$$

Для решения трансцендентных уравнений использовался пакет "Consortium Scilab (Inria, Enpc)" с программой "Scilab - 4.1.2" . Проведя соответствующие исчисления, получим:

а) первый результат $T_x = 1120\ K$; б) второй результат $T_x = 1420\ K$. Можно расширить диапазон исследований и определить критическую температуру для значений числа Маха с интервала $M \in [2; 5]$ с шагом 0,2 . Во внимание принимаются корни, имеющие физический смысл. По данным результатам построим диаграмму зависимости $T_x \sim f(M); P_0 = 60$ мм рт. ст. (рис. 1).

Как видно, с увеличением числа Маха критическая температура растет нелинейно. В том, что она растет, нет ничего удивительного. Чем сильнее ударная волна, тем выше давление на фронте ударной волны, тем больше вероятность обрыва цепи. Отсюда - рост критической температуры, поскольку компенсировать вероятность обрыва можно только вероятностью разветвления цепи, которая поднимается с ростом температуры среды. Но не это главное, имея критическую температуру и число Маха, можно определить начальную температуру газовой среды, необходимую для детонации. Другими словами, можно определить температуру T^1 перед фронтом ударной волны, такую, чтобы соответствующая волна вызывала детонацию. Используем формулу (2.32), которая связывает обе температуры:

$$\frac{T_x}{T^1} = \frac{\left(2\gamma M^2 - \gamma + 1\right)\left(2 + (\gamma - 1)M^2\right)}{(\gamma + 1)^2 M^2}, \qquad (2.52)$$

где γ —показатель адиабаты, для двухатомного идеального газа $\gamma = 1,4$; поэтому

$$\frac{T_x}{T^1} = \frac{\left(2,8M^2 - 0,4\right)\left(2 + 0,4M^2\right)}{2,4^2 M^2}. \qquad (2.53)$$

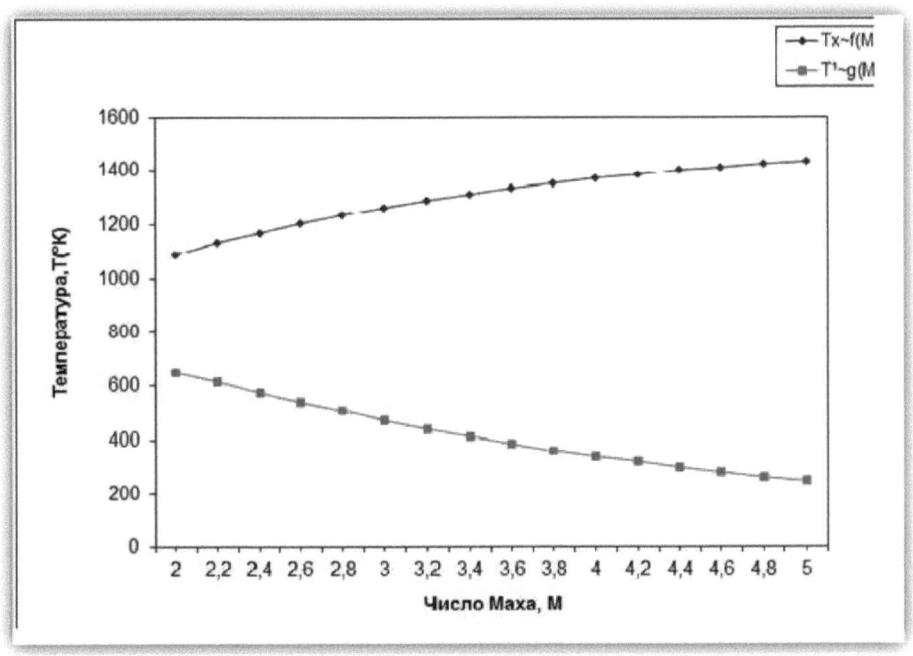

Рис. 1. Зависимости от числа Маха при фиксированном давлении

($P_0 = 60$ *мм рт. ст.*)- критической температуры на фронте ударной волны

$T_x \sim f(M)$ и температуры покоящейся среды $T^1 \sim g(M)$, при которой возможна детонация.

Используя выражение (2.52), построим диаграмму зависимости $T^1 \sim g(M)$, когда $P_0 = 60$ мм рт. ст. (рис. 1), что позволяет по указанному числу Маха найти начальную температуру среды, при которой возможна детонация газовой смеси. Кроме того, согласно (2.33), начальная температура и уже известное число Маха определяют процентный состав водорода. Таким образом, критическая температура однозначно связана с числом Маха, а через него с начальными параметрами водородно-кислородной смеси.

Выводы

Полученное выражение для критической температуры является наиболее простым критерием определения условия перехода взрывной волны в волну детонации. При достижении критической температуры, на фронте ударной волны выполняются следующие соотношения:

$T_2 = T_x$, если $\delta = 1$, то есть вероятность разветвления становится максимальной для схемы ранее рассмотренных цепных реакций взаимодействия водорода с кислородом. Отсюда получаем уравнение (2.48), которое позволяет определять искомую величину в зависимости от числа Маха, предварительно зафиксировав начальное давление.

Критическая температура является критерием возникновения детонации в газовой смеси, ниже этой температуры сверхзвуковое горение невозможно. Например, исследуем газовую смесь в разных процентных соотношениях водорода: 1) $H_2 - 66,6\%$; 2) $H_2 - 60\%$; 3) $H_2 - 50\%$ - если температура недвижимой среды $T_1 = 273\ K$ (табл. 2).

Таблица 2. Изменение параметров во время ударного перехода ($T_1 = 273\ K$; $P_0 = 60$ мм рт. ст.)

Газовая смесь	T_1, K	M	T_2, K	T_x, K
66,6% H_2 + 33,3% O_2	273	4,95	1558	1427
60% H_2 + 40% O_2	273	4,72	1438	1420
50% H_2 + 50% O_2	273	4,31	1241	1390

Таблица 3. Изменение параметров во время ударного перехода ($T_1 =$ 373 K; $P_0 = 60$ мм рт. ст.)

Газовая смесь	T_1, K	M	T_2, K	T_x, K
66,6% H_2 + 33,3% O_2	373	4,23	1648	1384
60% H_2 + 40% O_2	373	4,04	1523	1365
50% H_2 + 50% O_2	373	3,70	1339	1339

Сравнивая T_2 и T_x, приходим к выводу, что только в первых двух случаях происходит интересующий нас процесс. Однако, достаточно повысить начальную температуру ($T_1 = 373\,K$) и детонация станет возможной при меньших концентрациях водорода (50% H_2 + 50% O_2) (табл. 3).

Практические результаты свидетельствуют о том, что условия возникновения сферической детонации имеют резкую зависимость от температурных условий и процентного содержания смеси. Полученное в работе соотношение позволяет определять критические значения данных параметров и таким образом, устанавливать возможность сверхзвукового горения водородно-кислородной смеси.

1. А.В. Федоров, Д.А. Тропин, И.А. Бедарев, Физика горения и взрыва 46, 103 (2010).

2. М.А. Либерман, М.Ф. Иванов, А.Д. Киверин и др., ЖЭТФ 138, 772 (2010).

3. Л.Н. Хитрин, Физика горения и взрыва (МГУ, Москва, 1957).

4. М.М. Полатайко, УФЖ 57, 606 (2012).

5. Н.Н. Семенов, Цепные реакции, 2-е изд. (Наука, Москва, 1986).

6. W. Fickett, Introduction to Detonation Theory, (University of California, Berkeley, 1985).

7. Н.Н. Семенов, О некоторых проблемах химической кинетики и реакционной способности (АН СССР, Москва, 1954).

8. Н.Н. Сысоев, Ф.В. Шугаев, Ударные волны в газах и конденсированных средах (МГУ, Москва, 1987).

9. А.Н. Матвеев, Молекулярная физика (Высшая школа, Москва, 1987).
10. Н.М. Барон, А.М. Пономарева, А.А. Равдель, З.Н. Тимофеева, Краткий справочник физико-химических величин, 8-е изд. (Химия, Ленинград, 1983).

M.M. Polatayko

Conditions for spherical detonation in hydrogen-oxygen mixture

Summary

Initial detonation conditions required for fast chemical reactions to take place at the front of a spherical explosive wave have been determined. A simple relation describing the critical detonation temperature for various pressures in the hydrogen- oxygen mixture was obtained. Using the known formulas for a shock transition, the critical temperature was coupled with the initial conditions in a static environment, such as the pressure, temperature, and hydrogen content in the mixture.

Область допустимых значений температуры, чисел Маха и удельного содержания водорода в газовой смеси возможного существования нормальной сферической детонации

М.М. Полатайко

работа выполнена индивидуально

(ул. Грушевского 180, с. Назавизов, Надворнянский р-н, Ивано-Франковская обл. 78425, Украина; e-mail: pmm.miron@mail.ru)

УДК 534.222.2

Используя элементы теории классической детонации и ранее полученные соотношения для сферических волн, автор попытался установить область допустимых значений температуры, чисел Маха и удельного содержания водорода в газовой смеси возможного существования нормальной сферической детонации. В работе учитывались критические значения параметров, связанные с кинетикой химической реакции на фронте взрывной волны и параметры определяющие интенсивность ударного перехода (минимальное и максимальное число Маха) для данной реагирующей среды. На примере взаимодействия H_2 и O_2 удалось графически определить область значений критической температуры, температуры детонации покоящейся среды и удельного содержания водорода в смеси, при которых возможна сферическая детонация. Ключевые слова: сферическая детонация, режим Чепмена-Жуге, водородно-кислородная смесь, схема Льюиса, цепная реакция, критическая температура, гидродинамическая теория детонации.

Введение

Во многих отраслях науки и техники широко применяются взрывы, а также используются их модели для описания разнообразных физических явлений. Более того, неожиданные взрывы в производстве и быту часто приводят к катастрофам и многочисленным жертвам, что обусловило в наше время интенсивное изучение сверхзвукового горения. Эти исследования проводятся как аналитическими методами [1], так и путём численного моделирования [2, 3]. В данной статье определяется область параметров возникновения нормальной сферической детонации газовой смеси, которая предшествует плоской (классической), но возникает при меньшей скорости ударной волны [4]. Сферическая волна для сильного точечного взрыва является начальным этапом всего детонационного процесса, постепенно переходящего в классический вариант. В одной из предыдущих работ [4] автором предложена модель перехода взрывной сферической волны в режим Чепмена-Жуге, в другой [5], вводится понятия критической температуры на фронте волны, как основного критерия перехода ударной волны в волну детонации. В настоящей работе, на примере водородно-кислородной смеси, предпринята попытка графически определить область физических параметров при которых возможна сферическая детонация.

Критические значения параметров, связанные с кинетикой химической реакции

В классической теории рассматривается детонационная волна с резким передним фронтом и считается, что химические преобразования начинаются сразу после скачкообразного повышения давления. В реальном газе картина несколько иная [6]. Профили изменения температуры и давления за ударным фронтом детонационной волны схематически показаны на рис. 1. После ударного перехода (1-2) происходит возбуждение колебательной и вращательной степеней свободы молекул газа (2-3), сопровождающееся понижением температуры. Далее следует период индукции (3-4), длительность которого при достаточно высокой энергии активации процесса Е = 20 ÷ 40 ккал/моль, может составлять более 90% всего времени химической реакции (3¬5). В установившемся детонационном процессе в соответствии с режимом Чепмена Жуге профиль (1-5) не изменяется во времени. Зона реакции граничит с областью нестационарного течения - волной разрежения (5-6), профиль которой может изменяться.

Оказывается, в водородно-кислородной смеси, сжатой ударной волной, на участке (2-4) образуется множество свободных радикалов [7,8], концентрация которых достигает $10^{12} ÷ 10^{15}$ (см$^3 \cdot$ с)$^{-1}$. Быстрые цепные превращения начинаются именно с этих начальных центров [7] и происходят по схеме Льюиса. В этом случае имеем:

$$OH + H_2 = H_2O + H, \tag{1}$$

$$H + O_2 = OH + O. \tag{2}$$

Отметим также, что температура T_2, при которой вероятность разветвления δ равняется единице

$$\delta = 1 \, , \tag{3}$$

является критической, процесс значительно ускоряется и происходит быстрая цепная реакция. В указанных условиях равенство

$$T_2 = T_x, \tag{4}$$

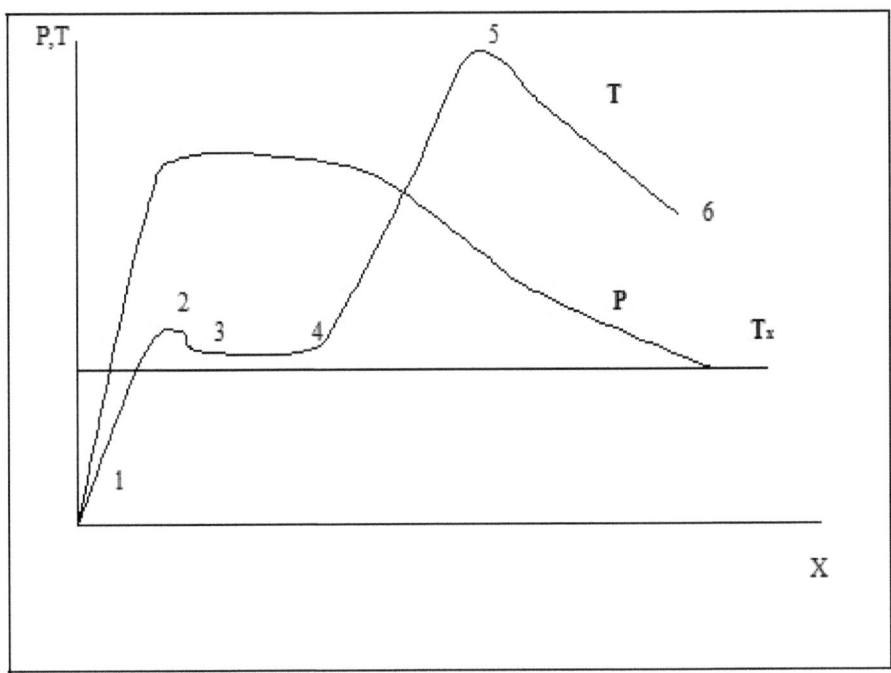

Рис. 1. Схема изменения давления P и температуры газа T за фронтом ударной волны (без соблюдения масштаба) [6], при условии $T_2 \geq T_x$: T_2 — температура в точке (2).

согласно [5], является критерием качественных изменений кинетики взаимодействия водорода с кислородом. Схема Льюиса запускает механизм детонации, хотя сам процесс может осуществляться и иным путём, по другой схеме, где скорость реакции на порядок выше. С химической точки зрения мы уже констатировали тот факт, что для сверхзвукового горения на фронте ударной волны необходимо достичь температуры среды T_x, при которой вероятность разветвления δ равняется единице. Как определить T_x ?

В работе [5] была получена зависимость между основными параметрами химической реакции, происходящей на фронте ударной волны, с одной стороны и физическими величинами, характеризующими процесс ударного перехода, с другой стороны,

$$
T_x^2 = \frac{2{,}5 \cdot 10^5 Q T_0 (\gamma - 1)\left(2\gamma M^2 - \gamma + 1\right)\left(2 + (\gamma - 1)M^2\right)^2}{4\gamma^2 (\gamma + 1)M^6 K^* P_0} \times
$$

$$
\times \exp\left(-\frac{E_2}{K^* T_x}\right), \tag{5}
$$

где M — число Маха (отображает интенсивность ударного перехода); P_0 — начальное, фиксированное перед инициированием взрыва (при 293 K), давление газовой смеси, выраженное в мм. рт. ст.; E_2 — энергия активации реакции разветвления (2); K^* — газовая постоянная; Q — энергия сгорания моля горючего газа; γ — показатель адиабаты данной смеси газов. Известно [5], что для водородно-кислородной смеси, после подстановки соответствующих числовых значений и констант [9]

$\gamma = 1{,}4;$

$Q = 286{,}5$ кДж/моль,

$K^* = 8{,}31$ Дж/(моль·град),

$E_2 = 16 \times 10^3 \times 4{,}19$ Дж/моль и

$T_0 = 293\ K,$

уравнение (5) примет следующий вид:

$$T_x^{\ 2} = \frac{5{,}38 \cdot 10^{10} \left(2 + 0{,}4M^2\right)^2 \left(2{,}8M^2 - 0{,}4\right)}{P_0 M^6} \times e^{-8067 \big/ T_x} . \qquad (6)$$

Очевидно, что для разных чисел Маха температура T_x окажется различной. Данное соотношение позволяет определить функциональную зависимость критической температуры T_x от числа Маха M, если известно начальное давление P_0 и сравнить ее значение с реальной температурой T_2

$$T_2 = \frac{\left(2\gamma M^2 - \gamma + 1\right)\left(2 + \left(\gamma - 1\right)M^2\right)}{\left(\gamma + 1\right)^2 M^2} \times T_1 , \qquad (7)$$

где T_1 — температура среды перед фронтом волны. Таким образом, в нашем случае должен осуществляться один важный критерий:

$$T_2 \geq T_x , \qquad (8)$$

только после этого можно говорить о детонации, как о действительно происходящем процессе.

Элементы гидродинамической теории детонации. Предельные параметры, зависящие от минимального и максимального числа Маха

Процесс детонации взрывчатых веществ представляется как совокупное действие ударной волны и химической реакции, при котором ударное сжатие инициирует реакцию, а энергия реакции поддерживает дальнейший процесс детонации. Гидродинамическая теория [10] даёт возможность сделать следующие оценки: 1) оценить размеры зоны химической реакции; 2) определить параметры среды в самой зоне химической реакции (на границе раздела с продуктами детонации). В классической теории рассматривается плоский детонационный фронт

$$d = \Delta t(D - v_g),\qquad(9)$$

где d - ширина зоны химической реакции; Δt - время протекания реакции; D - скорость ударной волны; v_g - скорость газа за фронтом реакции (точка Жуге).

В действительности (рис. 2), если быть точным, должен соблюдаться некий ударный переход (1-2) до достижения температуры T_2, который в данном случае не учитывается. На рис. 2 видно, что фронт (3-3) отделяет зону химической реакции от продуктов детонации. Значит, за время Δt полностью выгорает всё вещество, сжатое ударной волной. Теория строится на двух важных постулатах:

а) сгорает всё вещество, сжатое ударной волной, при этом энергия сгорания поддерживает скорость ударной волны;

б) скорость ударной волны, - постоянная величина ($D = const$).

Согласно теории, давление P_3 и плотность ρ_3 в зоне химической реакции, на границе раздела с продуктами детонации (точка Жуге), связаны следующими соотношениями [10]:

$$P_3 = \frac{P_1 + \rho_1 D^2}{1 + \gamma}\;,\qquad(10)$$

$$\frac{\rho_3}{\rho_1} = \frac{D^2(\gamma + 1)}{b_1^2 + \gamma D^2}\;.\qquad(11)$$

Величины, представленные в формулах (10)-(11), хорошо известны:

P_3 - давление на фронте (3-3), отделяющем зону реакции от продуктов реакции; P_1 - давление перед фронтом ударной волны; ρ_1 - плотность газа перед фронтом волны; D - скорость волны; γ - показатель адиабаты; ρ_3 - плотность среды на фронте (3-3); b_1 - скорость звука в покоящейся среде перед фронтом.

Из уравнения Менделеева – Клайперона

$$P{\cdot}V = \frac{m}{\mu}K^*T \Rightarrow T = \frac{P{\cdot}\mu}{\rho{\cdot}K^*}\;,\qquad(12)$$

подставив значения P_3 (10) и ρ_3 (11), определим температуру T_3 в точке Жуге

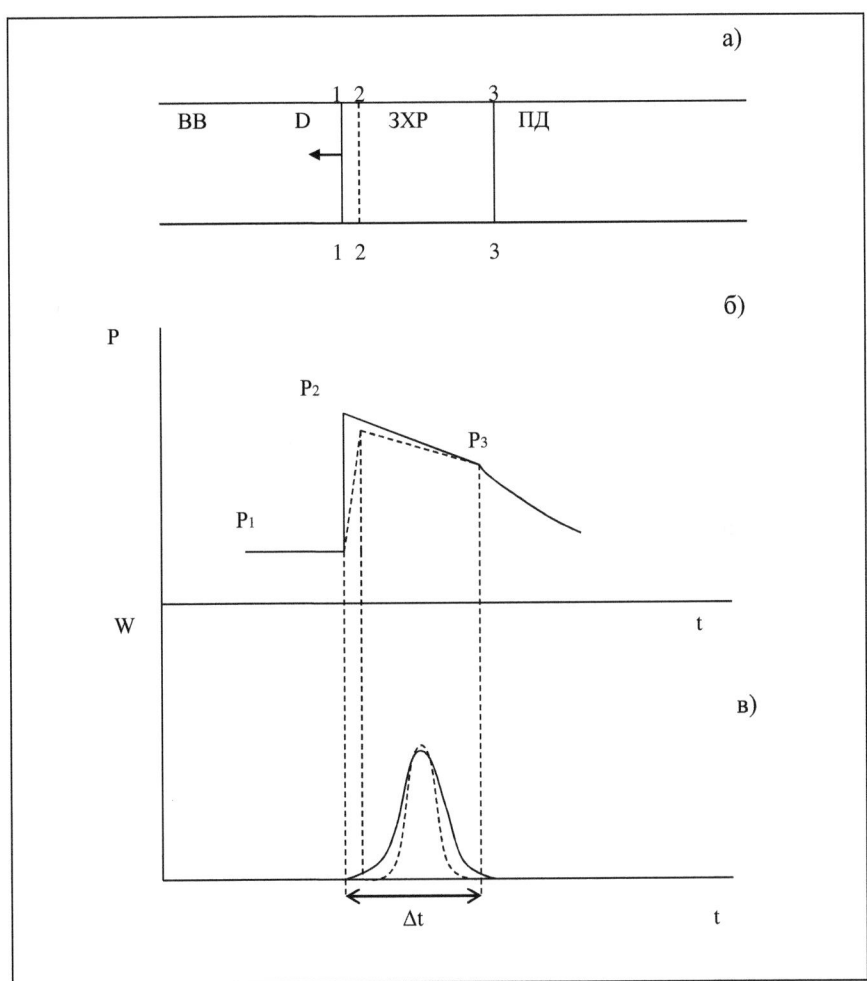

Рис. 2. Схематическое изображение структуры и зависимость физических параметров плоской детонационной волны от времени; (а)- структура волны: ВВ-взрывчатое вещество, ПД- продукты детонации, ЗХР- зона химической реакции; (б)- изменение давления: P_1 - перед фронтом волны, P_2 - та фронте волны, P_3 - в зоне химической реакции (точка Жуге); (в)- изменение скорости реакции.

$$T_3 = \frac{\rho_1 D^2}{\gamma+1} \cdot \frac{\mu}{K^*} \cdot \frac{\left(\gamma D^2 + b_1^{\,2}\right)}{\rho_1 D^2 (\gamma+1)} = \frac{\mu \cdot \left(\gamma D^2 + b_1^{\,2}\right)}{K^* \cdot (\gamma+1)^2} = \frac{\mu b_1^{\,2}}{K^*} \cdot \frac{\left(\gamma M^2 + 1\right)}{(\gamma+1)^2} =$$

$$= T_1 \gamma \cdot \frac{\left(\gamma M^2 + 1\right)}{(\gamma+1)^2} \; ;$$

$$T_3 = T_1 \gamma \cdot \frac{\left(\gamma M^2 + 1\right)}{(\gamma+1)^2} \; , \tag{13}$$

где $D = b_1 M$. Мы учли тот факт, что

$$P_3 \approx \frac{\rho_1 D^2}{\gamma+1} \; , \tag{14}$$

в случае, когда $\dfrac{P_3}{P_1} \gg 1$, а также,

$$b_1^{\,2} = \gamma \frac{K^* T_1}{\mu} \; , \tag{15}$$

где μ- молярная масса. Очевидно, что если речь идет о детонации и о поддержании химической реакции ударной волной, то здесь должно выполняться условие:

$$T_3 > T_2 \; , \tag{16}$$

или в более широком понимании (рис. 3(a))

$$T_3 > T_2 > T_x . \tag{17}$$

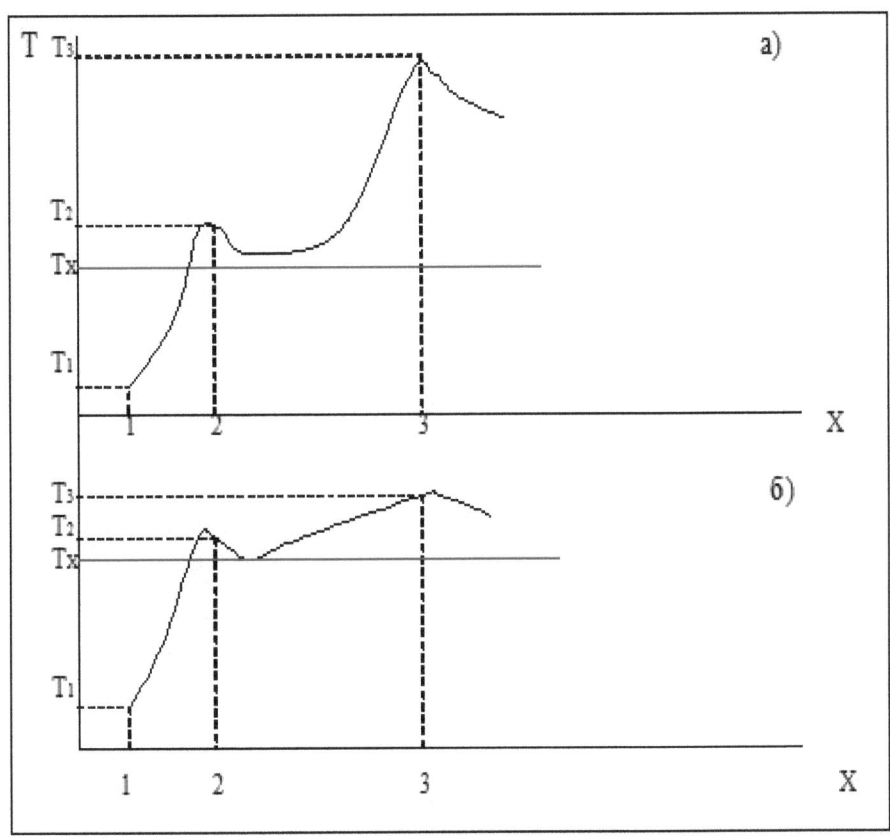

Рис. 3. Схематический профиль изменения температуры за фронтом волны: (а) - общий случай, (б) - предполагаемый вариант равенства температур в случае предельного процесса детонации ($T_3 \approx T_2 \approx T_x$).

Остановимся детально на неравенстве (16). Из теории ударных волн известно [10], что температура в точке (2) (рис. 3) определяется соотношением (7), поэтому неравенство (16) можно преобразовать к виду:

$$T_1 \gamma \frac{\gamma M^2 + 1}{(\gamma+1)^2} > T_1 \frac{\left(2\gamma M^2 - \gamma + 1\right)\left(2 + (\gamma - 1)M^2\right)}{(\gamma+1)^2 M^2}, \qquad (18)$$

или

$$\gamma\left(\gamma M^{2}+1\right)-\frac{\left(2\gamma M^{2}-\gamma+1\right)\left(2+(\gamma-1)M^{2}\right)}{M^{2}}>0 , \tag{19}$$

поскольку $T_1 > 0$; $\gamma > 0$. Решая уравнение

$$\gamma\left(\gamma M^{2}+1\right)-\frac{\left(2\gamma M^{2}-\gamma+1\right)\left(2+(\gamma-1)M^{2}\right)}{M^{2}}=0 , \tag{20}$$

относительно M при условии $M > 0$, получаем

$$M^{4}\left(2\gamma-\gamma^{2}\right)+M^{2}\left(\gamma^{2}-5\gamma+1\right)+2\gamma-2=0 , \tag{21}$$

или подставляя соответствующее значение γ ,

$$0{,}84M^{4}-4{,}04M^{2}+0{,}8=0 . \tag{22}$$

Его положительными корнями будут $M_1 = 2{,}145$; $M_2 = 0{,}455$. Для ударных переходов наибольший интерес представляет первый корень, $M_1 = 2{,}145 \approx 2{,}2$. На основании неравенства (18) можно утверждать, что процесс детонации возможен не для всех ударных волн, а только для тех у которых число Маха $M > 2{,}2$. В силу гидродинамики процесса для волн с числом $M < 2{,}2$ детонация не происходит. Анализируя уравнение (20) можно предположить, что равенство температур

$$T_{3} \approx T_{2} \approx T_{x} , \tag{23}$$

является нижним температурным пределом детонации (рис. 3(б)). Автор учёл тот факт, что с понижением температуры в зоне химической реакции, уменьшается её скорость. В то же время, согласно гидродинамической теории, количество прореагировавшего вещества сжатого ударной волной, должно сохраняться на прежнем уровне. Это неминуемо тянет за собой увеличение времени активной фазы реакции, а в следствии непрерывности процесса, приводит к значительному уменьшению периода индукции (интервал (3-4) на рис. 1). В связи с этим, имеется возможность создания детонационной волной газового слоя приблизительно одинаковой температуры, а число Маха $M \approx 2{,}2$ следует считать нижним пределом детонации.

Для определения верхнего предела возникновения детонационных волн путём инициирования взрыва в реагирующих газовых средах воспользуемся моделью непрерывного перехода взрывной сферической волны в режим Чепмена -Жуте [4]. Для нормальной сферической детонации его можно определить из формулы

$$ M = \left[\frac{(\gamma+1)^2 (\gamma-1)}{4\gamma^2} \cdot \frac{Qc}{K^* T_1} \right]^{\frac{1}{2}}, \tag{24} $$

полученной автором в работе [4], где все величины нам уже известны, кроме одного параметра c — удельного содержания сгоревшего газа (водорода). Регулировать интенсивность детонационной волны можно, в основном, двумя параметрами: c — в числителе и T_1 — в знаменателе. В нашем случае сгорает весь водород сжатый ударной волной. Значение коэффициента (c) ограничивается интервалом $0{,}66 \geq c > 0$. Предположим, у нас имеется стехиометрическая смесь водорода с кислородом ($c = 0{,}66 = max$), а температура среды $T_1 = -100°C \approx 173\ K = min$.

Будем считать, что дальнейшее понижение температуры приводит к изменению показателя адиабаты γ и физических свойств реагирующей смеси [11], то есть, формула (24) в реальных газах применима для $T_1 \geq 173\ K$.

Данное представление дает приблизительную оценку максимального числа Маха. Ещё раз отметим, - сильный взрыв происходит в охлаждённой среде, в этом случае, $M_{max} = 6{,}2$. Таким образом, мы оценили интервал возможных чисел Маха для нормальной сферической детонации водородно-кислородной смеси, в реальных условиях:

$$ 6{,}2 \geq M \geq 2{,}2. \tag{25} $$

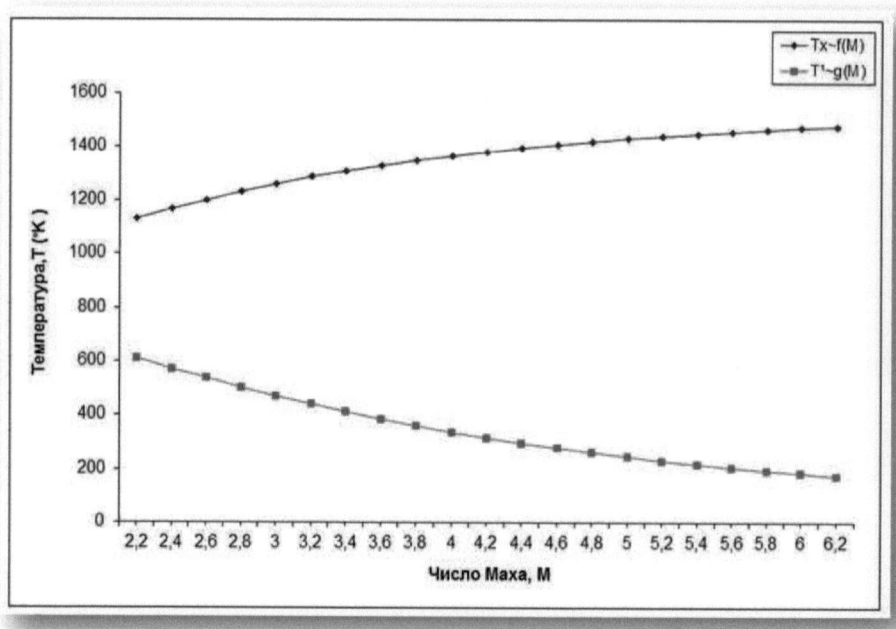

Рис. 4. Зависимости критической температуры T_x и температуры детонации покоящейся среды T^1 от значений числа Маха M при фиксированном давлении $P_0 = 60$ *мм рт. ст.* .

Используя математическое соотношение (6), построим диаграмму зависимости критической температуры от числа Маха $T_x \sim f(M)$ (рис. 4). Поскольку диапазон для числа Маха установлен, будем вычислять критическую температуру T_x для каждого числа Маха M из указанного интервала, с шагом 0,2; зафиксировав начальное давление P_0 (методика изложена в работе [5]).

Чем больше число Маха, тем выше критическая температура, однако, когда $M \geq 5$, рост критической температуры несколько замедляется.

Нижний предел - $M = 2,2 \Rightarrow T_x = 1130\ K$.

Верхний предел - $M = 6,2 \Rightarrow T_x = 1479\ K$.

Таким образом, в водородно-кислородной смеси критическая температура T_x для допустимых значений числа Маха M может принимать значения из следующего интервала:

$$1479\,K \geq T_x \geq 1130\,K. \tag{26}$$

Также на рис. 4 представлена зависимость температуры детонации T^1 от числа Маха M, которую легко получить подставив в соотношение (7) значение критической температуры T_x [5]:

$$T^1 = \frac{(\gamma+1)^2 M^2}{\left(2\gamma M^2 - \gamma + 1\right)\left(2 + (\gamma-1)M^2\right)} \times T_x. \tag{27}$$

Из (25) и (26) следует, что температура детонации покоящейся среды находится в диапазоне значений

$$609\,K \geq T^1 \geq 176\,K. \tag{28}$$

Температура детонации позволяет определить минимальную температуру перед фронтом ударной волны, при которой возможна детонация.

Результаты работы и их обсуждение

Используя полученные ранее диапазоны некоторых физических величин, графически определим область существования нормальной сферической детонации. Верхний предел содержания водорода в смеси ограничен в нашем случае значением $c = 0{,}66$. Выше этого значения рассмотренные в [5] химические реакции взаимодействия водорода и кислорода усложняются, что может привести к иным значениям критической температуры. Для изучения данного вопроса необходимы дальнейшие исследования. Выбор же верхнего предела температуры среды $T_1 = 800\,K$ детально будет пояснен ниже. Учитывая зависимость числа Маха (24) от температуры покоящейся среды T_1 и удельного содержания водорода c, построим диаграммы функциональной зависимости $M \sim \xi(c)$, при $T_1 = const$, а в дальнейшем: $T_x \sim f_1(c)$ и $T^1 \sim g_1(c)$, при $T_1 = const$; зафиксировав начальное давление $P_0 = const$.

Начнём с графиков $M \sim \xi(c)$, при $T_1 = const$, которые представлены на рис. 5 для температур из диапазона $800\,K \geq T_1 \geq 173\,K$.

Нижняя кривая соответствует температуре газовой смеси $T_1 = 800\,K$, верхняя - $T_1 = 173\,K$. Данное семейство кривых, исходя из (24), имеет степенную зависимость от удельного содержания водорода в смеси с показателем степени 0,5. Зафиксируем максимальное значение удельного содержания сгоревшего водорода $c = 0,66$; что соответствует стехиометрическому составу водород- кислородной смеси и проведём вертикальную линию. При её пересечении с семейством кривых, число Маха изменяется от $M = 2,8$ в точке (4), до $M = 6,2$ в точке (5). Отметим ещё одну важную деталь. На рис. 5 нанесены четыре штриховые линии. Две горизонтальные линии ограничивают область допустимых значений числа Маха существования нормальной сферической детонации. Первая, - отображает минимальное число $M_{min} = 2,2$; вторая, - максимальное $M_{max} = 6,2$. Третья штриховая линия, проходящая вертикально, отвечает стехиометрическому составу водородно-кислородной смеси и является самым оптимальным вариантом для существования детонации. О четвёртой линии речь пойдёт несколько ниже. Отдельно рассмотрим точки (1); (2); (3); (4); (5) - указанные на рис. 5. Отрезок (1-2) соответствует нижнему пределу скорости ударной волны $M_{min} = 2,2$, но температура среды для точек отрезка оказывается ниже температуры детонации (рис. 4), поэтому детонация в данном случае невозможна. Область возможной детонации для данного числа Маха ограничена отрезком (2-3), поскольку температура покоящейся среды достигает значений температуры детонации. Исходя из рис. 4, можно также заключить, что для температуры среды $T_1 = 173\,K$ детонация возможна только при $M = M_{max} = 6,2$ (точка (5) рис. 5). Иными словами, для выбранного диапазона температур $800\,K \geq T_1 \geq 173\,K$ и удельного содержания водорода $0,66 \geq c \geq 0,075$ область возможной детонации ограничена отрезками (2-3), (3-4), (4-5), (5-2). На рис. 5 отрезок (5-2) представлен схематически в виде прямой линии. В общем случае, учитывая нелинейную зависимость $M \sim \xi(c, T_1)$, он криволинеен.

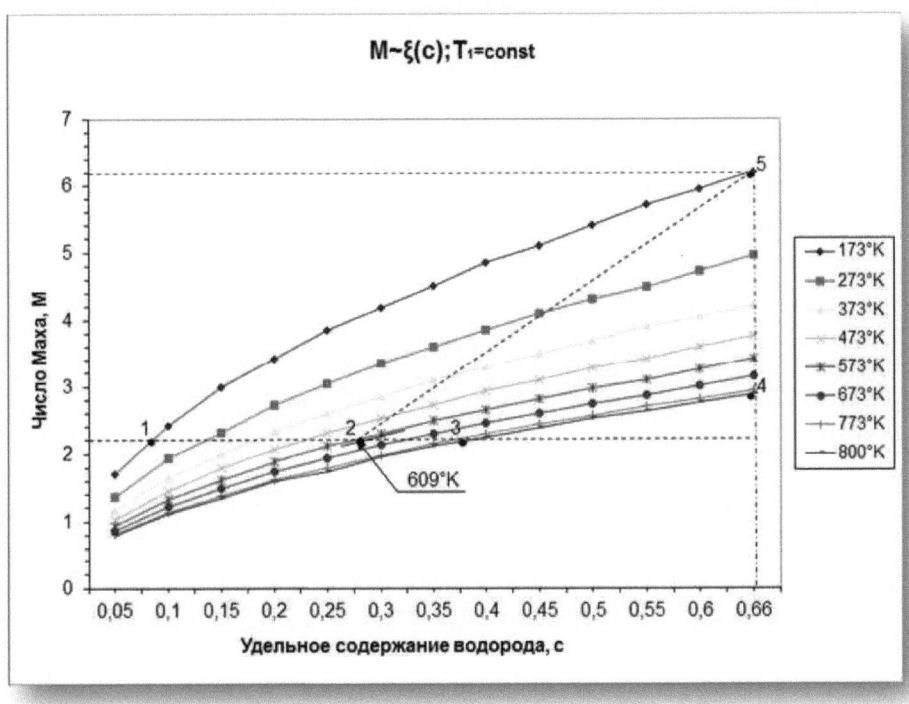

Рис. 5. Диаграммы зависимости числа Маха M от удельного содержания водорода c в газовой смеси ($P_0 = 60$ мм рт. ст.) для различных значений температуры покоящейся среды T_1.

Определим функциональную зависимость $T_x \sim f_1(c)$, подставив в (5) зависимость M от c (24). Для упрощения преобразований запишем (24) в несколько ином виде

$$M = [\eta\, c\,]^{1/2}\ ,$$
(29)

где

61

$$\eta = \frac{(\gamma+1)^2(\gamma-1)}{4\gamma^2} \cdot \frac{Q}{K^*T_1}. \tag{30}$$

Таким образом, относительно критической температуры T_x получим следующее трансцендентное уравнение:

$$T_x^2 = \frac{2,5 \cdot 10^5 QT_0(\gamma-1)(2\gamma\eta c-\gamma+1)(2+(\gamma-1)\eta c)^2}{4\gamma^2(\gamma+1)K^*P_0\eta^3 c^3} \times$$

$$\times \exp\left(-\frac{E_2}{K^*T_x}\right), \tag{31}$$

или учитывая (30),

$$T_x^2 = \frac{2,5 \cdot 10^5 T_0 T_1(2\gamma\eta c-\gamma+1)(2+(\gamma-1)\eta c)^2}{(\gamma+1)^3 P_0\eta^2 c^3} \exp\left(-\frac{E_2}{K^*T_x}\right). \tag{32}$$

Исходя из выражения (32), построим диаграммы зависимости $T_x \sim f_1(c)$, при $T_1 = const$; $P_0 = const$ (рис. 6). По виду и форме они напоминают предыдущие графики (рис. 5) и похожи на них, а также подтверждают выводы сделанные в отношении выбранных точек (1)-(5).

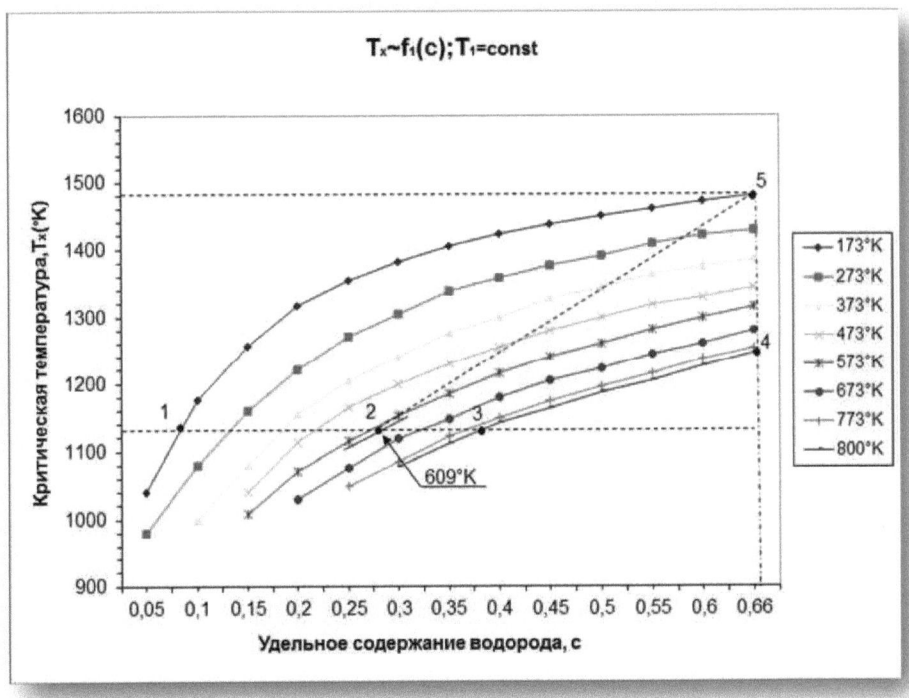

Рис. 6. Диаграммы зависимости критической температуры T_x от удельного содержания водорода c в газовой смеси ($P_0 = 60$ мм рт. ст.) для различных значений температуры покоящейся среды T_1.

Более интересной является зависимость температуры детонации T^1 покоящейся среды от удельного содержания водорода c:

$T^1 \sim g_1(c)$, при $T_1 = const$; $P_0 = const$.

Ее можно определить из соотношения (5) с учетом (7)

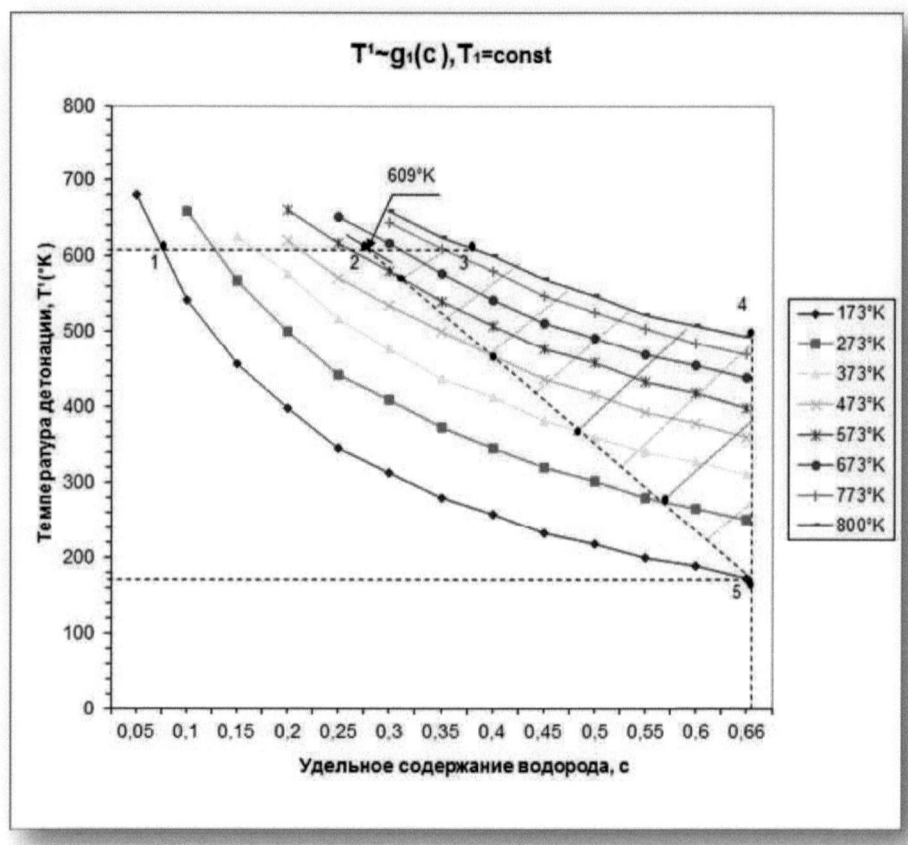

Рис. 7. Диаграммы зависимости температуры детонации T^1 от удельного содержания водорода c для взрывной газовой смеси H_2 и O_2 ($P_0 = 60$ мм рт. ст.) при различных значениях температуры покоящейся среды T_1.

$$(T^1)^2 = \frac{2,5 \cdot 10^5 Q T_0 (\gamma - 1)(\gamma + 1)^3}{4 \gamma^2 K^* P_0 (2\gamma M^2 - \gamma + 1) M^2} \times$$

$$\times \exp\left(-\frac{E_2 (\gamma + 1)^2 M^2}{K^* T^1 (2\gamma M^2 - \gamma + 1)(2 + (\gamma - 1)M^2)} \right). \qquad (33)$$

Учитывая (29) и (30), соотношение (33) приведём к следующему виду:

$$(T^1)^2 = \frac{2{,}5 \cdot 10^5 T_0 T_1 (\gamma+1)}{c P_0 (2\gamma\eta c - \gamma + 1)} \times$$

$$\times \exp\left(-\frac{E_2 (\gamma+1)^2 \eta c}{K^* T^1 (2\gamma\eta c - \gamma+1)(2 + (\gamma-1)\eta c)} \right). \tag{34}$$

Семейство диаграмм показано на рис. 7. Исследуя диаграммы, следует отметить:

а) каждой текущей температуре T_1 газовой смеси соответствует своя диаграмма зависимости $T^1 \sim g_1(c)$;

б) с увеличением удельного содержания водорода в смеси, температура детонации T^1 покоящейся среды резко уменьшается, это особенно заметно для низких температур;

в) проведём любую горизонтальную линию пересекающую семейство кривых (например, штриховая линия $T^1 = 173\,K$). В точке ее пересечения с кривой, соответствующей такой же температуре покоящейся среды (в нашем случае $T_1 = 173\,K$), выполняется условие детонации $T_2 = T_x$ (точка 5). Детонация становится возможной, поскольку текущая температура покоящейся среды достигает значения температуры детонации этой же среды ($T_1 = T^1$);

г) точки пересечения произвольной горизонтальной линии (см. пункт (в)) соответствуют критическому содержанию водорода в смеси ниже которого детонация невозможна.

Штриховая линия, соединяющая точки (2) и (5) на рис. 7, соответствует условию $T_2 \geq T_x$ для всего семейства диаграмм. Предположим, что удельное содержание водорода в смеси изменяется в пределах от 0,075- точка (1), до 0,66- точка (4), тогда из диаграмм представленных на рис. 7 возможно заключить, что:

1. Как было отмечено выше, температура ниже $T^1 \approx 173 \div 176\,K$ может привести к изменению физических свойств реагирующей смеси и предложенные формулы могут давать неверные результаты. Горизонтальная штриховая линия, проходящая через точку (5), соответствует данной температуре, а сама точка (5) отвечает взрыву с максимальным числом Маха $M_{max} = 6{,}2$.

2. Согласно диаграммы функциональной зависимости $T^1 \sim g_1(c)$, $T_1 = 273\,K$ (33) (рис. 7), детонация возможна при удельном содержании водорода в смеси не ниже 0,57.

3. Из физических ограничений, накладываемых минимальным числом Маха $M_{min} = 2,2$ — следует существование верхнего предела температуры детонации $T^1 = 609\,K$. Допустимым значениям числа Маха соответствуют точки отрезков (1-2) и (2-3), но только на отрезке (2-3) возможна детонация, поскольку главное условие $T_2 \geq T_x$ выполняется при $T_1 \geq 609\,K$. Откуда следует, что $H_2 - 0,27$ есть минимальное удельное содержание водорода в смеси, ниже которого детонация неосуществима даже при самых высоких температурах.

4. Проведенные эксперименты свидетельствуют, что при температуре газовой смеси выше $T_1 = 800\,K$ происходит самовоспламенение, которое может перейти в детонацию при удельном содержании водорода в смеси не ниже 0,37. Таким образом, данная температура является своего рода верхним пределом до которого можно нагреть водородно-кислородную смесь без воспламенения.

Из вышеизложенного следует, что область сферического сверхзвукового горения ограничивается отрезками (2-3), (3-4), (4-5), (5-2) и на рис. 7 заштрихована.

Выводы

В представленной статье исследованы зависимости между температурой, числом Маха и удельным содержанием водорода в смеси, как основными характеристиками процесса перехода ударной волны в волну детонации, влияющими на химические реакции взаимодействия реагирующих компонентов. На основании ранее полученных соотношений [5], найдены условия, при которых вероятность разветвления цепи достигает единицы $\delta = 1$ и происходит цепная реакция. В работе обосновывается существование критической температуры T_x на фронте ударной волны, при достижении которой происходит детонация, а также обоснована функциональная зависимость критической температуры от числа Маха (5), которую, по мнению автора, следует принять за основу при исследовании процессов сферической детонации. В дальнейшем, в развитие результатов [5], определено условие

$T_2 \geq T_x$, связывающее кинетику химических реакций с детонацией газовой смеси. Исходя из соотношений гидродинамической теории детонации определена область возможных значений температуры на фронте ударной волны T_2 и температуры в зоне химической реакции T_3.

Равенство их связывающее

$T_x \approx T_2 \approx T_3$, - является нижним пределом, при котором детонация возможна.

Определены, также, минимальное и максимальное число Маха в реагирующих газовых средах, что дало возможность глубже изучить процесс сверхзвукового горения и указать область физических параметров (критической температуры, температуры детонации покоящейся среды, удельного содержания водорода в смеси) существования сферической детонации, которую на примере водородно-кислородной смеси, иллюстрируют представленные диаграммы.

1.   С.Г. Андреев, А.В. Бабкин, Ф.А. Баум, Физика взрыва (Физматлит, Москва, 2004).

2.   Ч. Мейдер, Численное моделирование детонации (Мир, Москва, 1985).

3.   А.В. Федоров, Д.А.Тропин, И.А.Ведарев, Физика горения и взрыва 46, 103 (2010).

4.   М.М. Полатайко, УФЖ 57, 606 (2012).

5.   М.М. Полатайко, УФЖ 58, 963 (2013).

6.   Р.И. Солоухин, Ударные волны и детонация в газах (Физматгиз, Москва, 1963).

7.   Н.Н. Семенов, Цепные реакции, 2-е изд. (Наука, Москва, 1986).

8.   Н.Н. Семенов, О некоторых проблемах химической кинетики и реакционной способности, (АН СССР, Москва, 1954).

9.   А.Н. Матвеев, Молекулярная физика (Высшая школа, Москва, 1987).

10. Н.Н. Сысоев, Ф.В. Шугаев, Ударные волны в газах и конденсированных средах, (МГУ, Москва, 1987).

11. Н.М. Барон, А.М. Пономарева, А.А. Равдель, З.Н. Тимофеева, Краткий справочник физико-химических величин, 8-е изд. (Химия, Ленинград, 1983).

M.M. Polatayko

Possibility of normal spherical detonation in a hydrogen-oxygen gas mixture: allowable temperature, Mach number, and hydrogen content

Summary

In the framework of the classical theory of detonation with the use of the previously obtained relations for spherical waves, the ranges of the allowable values of temperature, Mach number, and hydrogen content in a gas mixture, where the normal spherical detonation is possible, are determined. The critical values of parameters associated with the kinetics of chemical reactions at the blast wave front and the parameters responsible for the shock transition intensity (the minimum and the maximum of the Mach number) are calculated for the reacting medium. By analyzing the interaction between H_2 and O_2, the intervals of the critical temperature, the temperature of detonation in a stationary medium, and the hydrogen content in the mixture, at which the spherical detonation is possible, are determined graphically.

Заключение

Подводя итоги проделанной работы, следует отметить то, что автору впервые удалось записать систему уравнений для сферической модели перехода взрывной волны в волну детонации и не только записать, но и найти её решение. Таким образом появилась новая формула для определения скорости сферической детонационной волны. Оказалось, что на начальном этапе перехода возможен стационарный режим (режим Чепмена-Жуге), что дало возможность говорить о существовании нормальной сферической детонации в реагирующих газовых средах.

В дальнейшем, используя простую формулу для скорости волны, стало возможным оценить состояние среды и оценить возможность тех или иных химических преобразований на фронте ударного перехода. Поскольку средой для исследования детонации служила водородно-кислородная смесь, где основой химических превращений являлись цепные реакции, пришлось обратиться к теории цепных реакций Н. Н. Семенова. Именно, благодаря этой теории, удалось связать основные параметры, влияющие на характер реакции, с параметрами ударного перехода и определить критическую температуру на фронте ударной волны. Таким образом, был установлен критерий перехода ударной волны в детонацию и найдено трансцендентное уравнение, дающее возможность определять критическую температуру для каждого конкретного случая.

В конечном итоге [20], автор попытался графически определить область существования нормальной сферической детонации в водородно-кислородной смеси. Результаты этой работы также представлены читателю.

Хочется верить, что предложенный автором сборник статей найдёт своего читателя и послужит источником знаний для решения конкретных технических задач.

Литература

1. С.Г. Андреев, А.В. Бабкин, Ф.А. Баум, Физика взрыва , (Физматлит, Москва, 2004).
2. Л.П. Орленко, Физика взрыва и удара: Учебное пособие, (Физматлит, Москва, 2006)
3. Ч. Мейдер, Численное моделирование детонации, (Мир, Москва, 1985)
4. Н.Н. Сысоев, Ф.В. Шугаев, Ударные волны в газах и конденсированных средах, (МГУ, Москва, 1987).
5. Г.Г. Черный , Газовая динамика, (Наука, Москва, 1988).
6. Я.Б. Зельдович, Ю.П. Райзер, Физика ударных волн и высокотемпературных гидродинамических явлений, (Физматгиз, Москва, 1963).
7. В.П. Коробейников, Задачи теории точечного взрыва, (Наука, Москва, 1985).
8. W. Fickett, Introduction to Detonation Theory, (University of California, Berkeley, 1985)
9. А.В. Федоров, Д.А. Тропин, И.А. Бедарев, Физика горения и взрыва 46, 103 (2010).
10. М.А. Либерман, М.Ф. Иванов, А.Д. Киверин и др., ЖЭТФ 138, 772 (2010).
11. Л.Н. Хитрин, Физика горения и взрыва (МГУ, Москва, 1957).
12. М.М. Полатайко, УФЖ 57, 606 (2012).
13. Н.Н. Семенов, Цепные реакции, 2-е изд. (Наука, Москва, 1986).
14. Н.Н. Семенов, О некоторых проблемах химической кинетики и реакционной способности (АН СССР, Москва, 1954).
15. А.Н. Матвеев, Молекулярная физика (Высшая школа, Москва, 1987).
16. Н.М. Барон, А.М. Пономарева, А.А. Равдель, З.Н. Тимофеева, Краткий справочник физико-химических величин, 8-е изд. (Химия, Ленинград, 1983).
17. М.М. Полатайко, УФЖ 58, 963 (2013).
18. Р.И. Солоухин, Ударные волны и детонация в газах (Физматгиз, Москва, 1963).
19. А.Г. Морачевский, И.Б. Сладков, Физико-химические свойства молекулярных неорганических соединений: Справочник, (Химия, Ленинград, 1987).
20. М.М. Полатайко, УФЖ 59, 980 (2014).